Ulrich Brill

Korrosion von Nickel, Cobalt und Nickel- und Cobalt-Basislegierungen

Sonderdruck für
Krupp VDM GmbH

Autor

Dr. Ulrich Brill
Krupp VDM GmbH
Plettenberger Straße 2
D-5980 Werdohl

Vorabdruck aus

Korrosion und Korrosionsschutz

Herausgeber: Egon Kunze
Verlag: Walter de Gruyter Berlin · New York

Inhalt

1 Einleitung

1.1 Nickel

Bereits 2000 Jahre vor unserer Zeitrechung war in China eine unserem heutigen Neusilber entsprechende Ni-Legierung zur Herstellung von Gebrauchsgegenständen bekannt. Die Griechen verwendeten um 200 v. Chr. G. Ni-Legierungen z. B. für Münzen [90].

1741 entdeckte Cronstedt Nickel als Metall. Durch die Arbeiten von Bergmann (1775) und Richter (1804), die reines Nickel herstellten, konnten die Eigenschaften des Metalls und seiner Verbindungen genau beschrieben werden. Seit 1824 gebraucht man Nickel in silberähnlichen Cu-Legierungen (Handelsnamen: Alpaka, Argentan u. a.). 1832 entdeckte Faraday die galvanische Vernickelung. 1870 wurden von Parkes die veredelnden Eigenschaften des Nickels im Stahl entdeckt.

Die industrielle Verarbeitung von Nickel im 19. Jahrhundert in Form von galvanischen Überzügen oder schmied- und walzbaren Halbzeugen, war nur durch die Verwendung von sehr reinem Nickel und einer verbesserten Legierungstechnik zur Abbindung von unerwünschten Spuren- und Begleitelementen möglich.

Erze für die Nickelerzeugung sind sulfidische Nickelerze, wie der Pentlandit $(NiFe)_9S_8$, und oxidische bzw. silikatische Nickelerze, wie der Garnierit $H_2(NiMg)SiO_4 \cdot nH_2O$. Die Hauptproduktionsländer von Nickel sind Kanada, Sowjetunion und Neukaledonien. Die Verarbeitung zu hochreinem Nickel erfolgt nach dem Carbonyl-Verfahren, Mond-Carbonyl-Verfahren und durch elektrolytische Raffination [1].

Der Nickelverbrauch der westlichen Welt allein ist in den Jahren 1905 bis 1965 auf mehr als das 20fache angestiegen. Hierbei werden mehr als die Hälfte der Nickelproduktion für nichtrostende Stähle und die galvanische Vernickelung verbraucht, der Rest verteilt sich auf nickelreiche Legierungen, Baustähle, Eisen- und Stahlguß, Kupferlegierungen und sonstige Gebiete [88].

Das Erschmelzen und Gießen von Nickel und Nickellegierungen ist den bei der Stahlherstellung angewandten Verfahren sehr ähnlich, berücksichtigt man den mit 1453 °C niedrigeren Schmelzpunkt und das mit 2,5% außergewöhnlich hohe Schwindungsmaß. Die gebräuchlichsten Erschmelzungsverfahren nutzen den AOD (Argon-Oxygen-Decarburization)-Konverter und den Lichtbogenofen. Ist während des Erschmelzens keine metallurgische Arbeit, z. B. durch die Verwendung von nur wenig verunreinigten Einsatzstoffen notwendig, so wird im Induktions- oder Vakuuminduktionsofen eingeschmolzen. Eine Vakuumbehandlung zur Reduzierung der gasförmigen Bestandteile der Schmelze, zur Entkohlung und zur Feinabstimmung der Legierungsgehalte, gerade bei besonders sauerstoffaffinen Legierungselementen, wird im Anschluß an das Erschmelzen in der VOD (Vacuum-Oxygen-Decarburization)-Anlage vorgenommen [89].

Das Vergießen der Nickel-Basislegierungen erfolgt zum überwiegenden Teil durch Steigenden Blockguß. Der Strangguß nimmt zur Zeit nur einen sehr kleinen Anteil ein, da er noch nicht für alle Qualitäten sicher beherrscht wird. Zur Erzielung besonders niedriger Gehalte an oxidischen nichtmetallischen Verunreinigungen erfolgt das Schmelzen und Abgießen unter Vakuum (VIM-Verfahren). Die hierbei entstehenden Gießblöcke sind aufgrund starker Porösität nicht fehlerfrei umformbar und erfordern eine ESU (Elektro-Schlacke-Umschmelz)- oder VAR (Vacuum-Arc-Remelting)-Behandlung. Diese metallurgischen Maßnahmen sind auch auf konventionellen Blockguß oder Strangguß anwendbar und führen im Falle des VAR-Umschmelzens zu niedrigen Gasgehalten, geringen Gehalten an Einschlüssen, verbesserter Makrodichtigkeit und chemischer Homogenität und durch die Kontrolle der Erstarrungsstruktur zu niedrigen Mikro- und Makroseigerungen [89]. Das ESU-Verfahren bietet prozeßbedingt, d. h. Umschmelzen an Luft und Arbeiten mit aktiver Schlacke, nicht den Vorteil niedriger Gasgehalte. Beiden Verfahren gemeinsam ist jedoch die verbesserte Warmumformbarkeit als Folge verringerter Oberflächenrisse, wenn ganz oder teilweise auf eine mechanische Oberflächenbearbeitung vor der Warmformgebung verzichtet wird.

Aufgrund bewährter und ausgereifter Fertigungs- und Verarbeitungstechnologien, guter mechanischer Eigenschaften und guter Korrosionsbeständigkeit in vielen Korrosionsmedien findet Nickel in einem weiten Spektrum von der Chemischen über die Petrochemische Industrie, Kernenergiewirtschaft, Textil- und Papierherstellung bis zur Nahrungsmittelherstellung Anwendung.

Bedeutend wichtiger ist jedoch die Tatsache, daß Nickel mit Legierungselementen wie z. B. Chrom, Kupfer, Molybdän, Wolfram und Silicium Legierungen bildet, deren Korrosionsbeständigkeit die des Nickels weit übertreffen.

Der Grund hierfür kann einerseits in einer Ausweitung der Passivität liegen, andererseits in einem zunehmend edleren Legierungsverhalten, so daß die Wasserstoffentwicklung in Säuren unterdrückt wird. Auch das Verhalten in Gasen bei hohen Temperaturen wird wesentlich beeinflußt von der Art und Menge der Legierungsbestandteile. So besteht die Möglichkeit, daß sich artfremde Deckschichten (z. B. Chromoxid auf Nickel-Basislegierungen) bilden oder die Fehlordnungsstruktur des vorhandenen Oxids derart modifiziert wird, und damit die Geschwindigkeit der Oxidation beschleunigt bzw. verlangsamt wird.

Unter Berücksichtigung der Korrosionsbeständigkeit sind die wichtigsten kommerziellen Legierungen in den Systemen Ni-Cr, Ni-Cu und Ni-Cr-Mo angesiedelt. Zum Teil wird zusätzlich mit Zusätzen von Wolfram und Kupfer gearbeitet, die die Beständigkeit in reduzierend wirkenden Lösungen und Säuren verbessern. Hohe Siliciumzusätze zwischen 9% und 10%, die die Beständigkeit in heißer Schwefelsäure verbessern, findet man jedoch nur in Nickel-Gußlegierungen.

Ni-Cr-Al-Legierungen mit bis zu 2% Aluminium werden als Knetlegierungen mit verbesserter Oxidationsbeständigkeit eingesetzt. Höhere Al-Gehalte bis zu z. B. 5% finden aufgrund des hohen Volumenanteils an ausgeschiedener gamma′-Phase und dadurch bedingten Fertigungsschwierigkeiten nur Einsatz als Gußlegierungen, z. B. in fliegenden und stationären Gasturbinen als Teil der hohen Temperaturen und mechanischen Belastungen ausgesetzten Beschaufelung.

Tabelle 1 gibt eine Übersicht der nominellen Zusammensetzung der gebräuchlichsten Ni-Basis-Knetlegierungen [1 – 10].

Tab. 1 Nominelle Zusammensetzung der gebräuchlichsten Ni- und Ni-Basis-Knetlegierungen (angegebene Werte sind typische Gehalte, zulässige Gehalte in DIN 17470.

Legierungs-system	Legierung		nominelle Zusammensetzung in %							
	alloy	DIN	C	Cr	Fe	Cu	Mo	Ni	Co	Sonstige
Ni	200	2.4066	≤ 0,1		≤ 0,4	≤ 0,25		≥ 99,2		
	201	2.4068	≤ 0,02		≤ 0,4	≤ 0,25		≥ 99,0		
Ni-Cu	400	2.4360	≤ 0,15		1,5	30		≥ 63,0		
	K-500	2.4375	≤ 0,2		1,0	30		≥ 63,0		2,5 Al
Ni-Cr	230	–	≤ 0,08	35	≤ 5			Rest		
	–	2.4658	≤ 0,07	30	≤ 1			Rest		0,025 Seltene Erden
Ni-Cr-Fe	600 H	2.4816	≤ 0,1	16	8			≥ 72		
	601	2.4851	≤ 0,1	23	14			≥ 59		Al, Ti, Zr
	690	2.4642	≤ 0,02	30	9			63		
	602 CA	2.4633	0,20	25	9,5			Rest		2,1 Al, 0,1 Y
Ni-Mo	B-2	2.4617	≤ 0,01	≤ 1	≤ 2		28	Rest		
Ni-Cr-Mo	625	2.4856	≤ 0,025	22	≤ 3		9	Rest		3,5 Nb
	N		0,06	7	≤ 5		16,6	Rest		
	C-4	2.4610	≤ 0,009	16	≤ 3		16	Rest		
	C-22	2.4602	≤ 0,010	21	4		13,5	Rest		3 W
	C-276	2.4819	≤ 0,010	16	5.5		16	Rest		4 W, 0,2 V
	59	2.4605	≤ 0,010	23	≤ 1.5		16	Rest		0,3 Al
	617	2.4663	0,075	21	≤ 2		9	Rest	11.5	Ti, Al, Zr
Ni-Cr-Fe-Mo	F		≤ 0,05	22	20		6,5	Rest		2,1 Nb + Ta
	X	2.4665	0,07	22	18,5		9	Rest	1	0,6 W, 0,6 Si
	333	2.4608	0,05	26	18		3	Rest	3	3 W, 1 Si
Ni-Cr-Fe-Mo-Cu	825	2.4858	≤ 0,025	21,5	31	2,5	3	Rest		0,9 Ti
	G		≤ 0,05	22	20	2	6,5	Rest		2,1 Nb + Ta
	G-3	2.4619	≤ 0,015	22,5	19,5	2	7	Rest		0,4 Nb
	G-30		≤ 0,030	29,5	15	2	5,5	Rest		2,5 W, 0,8 Nb

Tab. 1 A Physikalische und typische mechanische Eigenschaften von Nickel.*

Wärmeleitfähigkeit (Ni 99,4 bei 20 °C)	0,165 cal/(cm · s · Grad)
Wärmeausdehnung (Ni 99,4 für 25 – 100 °C)	$13{,}3 \cdot 10^{-6}$ 1/Grad
Curie-Temperatur	360 °C
Spez. el. Widerstand (bei 20 °C)	0,085 Ω · mm^2/m
0,2% Streckgrenze (Ni 99,99)	70 N/mm^2
Zugfestigkeit	330 N/mm^2
Bruchdehnung	28%
E-Modul	186.000 N/mm^2
Brinellhärte	840 N/mm^2

* weitergehende Informationen in DIN 17740 (Zusammensetzung von Nickelhalbzeugen) DIN 17750 – 17752 (Festigkeitseigenschaften von Nickelhalbzeugen)

Tab. 1 B Marken- bzw. Handelsnamen typischer Nickellegierungen

Werkstoffkurzzeichen	Handelsnamen
Ni Cu 30Fe	Nicorros, Monel 400
Ni Cu 30Al	Nicorros Al, Monel K-500
Ni Cr 21Mo	Nicrofer 4221, IN 825
Ni Cr 21Mo 14W	Nicrofer 5621 hMoW, Hastelloy C-22
Ni Mo 16Cr 15W	Nicrofer 5716 hMoW, Hastelloy C-276
Ni Cr 23Mo 16Al	Nicrofer 5923 hMo
Ni Cr 22Mo 9Nb	Nicrofer 6020 hMo, IN 625
Ni Mo 16Cr 16Ti	Nicrofer 6616 hMo, Hastelloy C-4
Ni Cr 30Fe	Nicrofer 6030, IN 690
Ni Mo29	Nimofer 6928, Hastelloy B-2, Nimonic B-2
Ni Cr 23Fe	Nicrofer 6023, IN 601
Ni Cr 15Fe	Nicrofer 7216, IN 600
Ni Cr 26 MoW	Nicrofer 4626 MoW, RA 333
Ni Cr 22Fe 18Mo	Nicrofer 4722 Co, Hastelloy X
Ni Cr 23Co 12Mo	Nicrofer 5520 Co, IN 617
Ni Cr 25Fe Al Y	Nicrofer 6025 HT

Nicrofer, Nicorros, Nimofer sind die Handelsnamen der Krupp VDM GmbH.
Hastelloy ist ein Markenname der Haynes International, Corp.
Monel, Inconel, Nimonic sind Handelsnamen der Inco Alloys International
RA ist der Handelsname von Rolled Alloys

Einen Überblick über die mechanischen und physikalischen Eigenschaften von Reinnickel gibt Tabelle 1A. Marken- bzw. Handelsnamen sind in Tabelle 1B zu finden.

1.2 Cobalt

Das Wort Cobalt stammt von Kobold; als solches wurden in der Bergmannssprache des Mittelalters Erze bezeichnet, die äußerlich Kupfer- oder Silbererzen glichen, jedoch bei der Verhütung das vermutete Metall nicht lieferten [90].

Das Element Cobalt wurde im Jahre 1742 durch Brandt das erste Mal hergestellt und bezüglich seiner physikalischen und chemischen Eigenschaften beschrieben. Lange vorher jedoch, wurden schon Cobalt und Cobaltverbindungen bei der Herstellung von Glas- und Keramikwaren als Pigmente benutzt.

Bis Ende des 19. und Anfang des 20. Jahrhundert war die industrielle Anwendung von Cobalt und seinen Legierungen aufgrund des hohen Metallpreises und unzureichender Herstellungs- und Verarbeitungskenntnis gering.

Die wichtigsten Cobalterze sind die sulfidischen Erze (Carrollit, Limeit, Cattiert, Siegerit), die arsenhaltigen (Speiscobalt, Glanzcobalt, Safflorit, Skutterudit, Erithrin) und die oxidischen Erze (Mindigit, Heterogenit, Asbolan). Cobalt wird auch in Eisen- und Steinmeteoriten gefunden. Häufig ist Cobalt mit Nickel vergesellschaftet.

Die wichtigsten Cobalt-Resourcen liegen im Kongo und Zambia, gefolgt von Neukaledonien, Kanada, USA, Uganda, Brasilien und Marokko.

Da der Cobaltgehalt in den eingesetzten Erzen sehr niedrig ist, wird Cobalt bei der Verhüttung kontinuierlich in den Zwischenprodukten, wie z. B. Speisen, Schlakken und Steinen, sowie in den Laugen und Schlämmen angereichert. Zur Gewinnung des reinen Metalls werden die folgenden Hauptverfahren angewendet:

1. Trockene Anreicherung und Reinigung, wobei das Oxid unter Verwendung von Koks oder mit heißem Wasserdampf reduziert wird.
2. Elektrolytische Raffination
3. Nasse Aufbereitung der Konzentrate (Laugen und Reduktion unter Druck)

Die Weltproduktion an metallischem Cobalt, mit Ausnahme der UdSSR, betrug Ende der 50iger Jahre ca. 14.500 t im Jahr. Diese Menge blieb bis Ende der 70iger bzw. Anfang der 80iger Jahre weitgehend konstant [12, 14].

Unlegiertes Cobalt wurde in der Vergangenheit recht selten eingesetzt, nicht nur weil das Preis/Leistungs-Verhältnis eher für andere Nichteisenmetalle oder hochlegierte Sonderedelstähle sprach, sondern weil erst durch die Verbindung von oxidierender Raffination und Vakuumentgasung die Anteile an schädlichen Verunreinigungen so weit herabgesetzt werden konnten, daß Warmwalzen, Ziehen und Strangpressen im Temperaturbereich von 600 – 1200 °C möglich wurde.

Das Gefüge kaltumgeformten Cobalts besteht aus der epsilon-Phase, einer hexagonal dichtesten Kugelpackung. Da diese Phase nur bis 417 °C stabil ist, kann durch Glühen zwischen 500–700 °C mit folgender beschleunigter Abkühlung ein hoher Anteil an duktilitätsverbessernder kubisch-flächenzentrierter alpha-Phase auch bei Raumtemperatur erhalten werden.

Ungefähr 73% des erzeugten Cobalts gehen als Legierungselement in Nichteisenmetalle (Magnetlegierungen und warmfeste, hitze- und abriebbeständige Hochtemperaturwerkstoffe) und Sonderedelstähle (Schnellarbeits- und Maraging Stähle). Weitere Einsatzgebiete sind Bindemittel für die Pulvermetallurgie, Farbstoffe und Binder für Keramiken und Glaswaren, Sikkative in Tinten und Lacken, sowie in Katalysatoren für die Chemische und Petrochemische Industrie.

Die übrigen 27% verteilen sich auf zahlreiche Co-Basislegierungen.

Ausgangspunkt für die mittlerweile existierenden Legierungssysteme waren wohl die frühen Arbeiten am Zweistoffsystem Co-Cr. Chrom wurde hier mit ca. 25–30% zulegiert, um die Korrosionsbeständigkeit zu erhöhen, die Abbindung des Kohlenstoffs in Form von Chromcarbiden sorgte für eine Steigerung der Festigkeit durch Carbidhärtung.

Das Zulegieren von Molybdän und Wolfram zu Co-Cr-Legierungen, einzeln oder zusammen, führt zur Mischkristallverfestigung des Werkstoffes und zu ausgezeichneter Kriechfestigkeit bei hohen Temperaturen. Die Abrasionsfestigkeit bei erhöhten Temperaturen wird ebenfalls durch beide Elemente positiv beeinflußt. Desweiteren gibt es Hinweise darauf, daß Molybdän in Mischsäuren wie z. B. $P_2O_5/H_2SO_4/HF$ die Beständigkeit von Co-Cr-W-Legierungen erhöht. Co-Cr- und Co-Cr-Mo-Legierungen werden vorzugsweise im Modellguß hergestellt und für festsitzende und herausnehmbare Zahnimplantate und andere Langzeitimplantate wie z. B. Hüftprothesen genutzt.

Die Zugabe von Nickel in der Größenordnung von 10–40% stabilisiert die kubisch-flächenzentrierte alpha-Phase und führt zu verbesserter Duktilität und Verarbeitbarkeit [18]. Beschleunigte Abkühlung des Werkstoffes unterdrückt, entsprechend der vorliegenden Legierungszusammensetzung, das Auftreten der hexagonalen epsilon-Phase ganz oder teilweise. Verformungen bewirken durch die ihnen vorausgehende Spannung eine Begünstigung der epsilon-Phasen-Bildung. Co-Cr-Ni-W-Legierungen werden aufgrund ihrer guten Duktilität häufig als Knetlegierungen eingesetzt. Ihre Herstellung und Verarbeitung entspricht dabei der der bereits geschilderten Ni-Basislegierungen. Einsatzgebiet dieser Legierungen sind aufgrund ihrer guten Warmfestigkeit und Korrosionsbeständigkeit z. B. die heißen Teile von fliegenden Gasturbinen. Hier finden sie vorzugsweise Einsatz in Form von Blech oder Draht.

Gebräuchliche Co-Basislegierungen sind in Tabelle 2 aufgeführt [11–18].

Einen Überblick über die mechanischen und physikalischen Eigenschaften von Reincobalt gibt Tabelle 2 A.

Marken- bzw. Handelsnamen einiger typischer Cobaltlegierungen sind in Tabelle 2 B zu finden.

Tab. 2 Nominelle Zusammensetzung der gebräuchlichsten Co-Basislegierungen (angegebene Werte sind typische Gehalte)

Legierungssystem	Legierung alloy		nominelle Zusammensetzung in % C	Cr	Fe	Mo	W	Ni	Co	Sonstige
	Niranium	(G)	0,2	29	–	–	2	4	Rest	
	Ilium D	(G)	0,2	27	–	5	1	–	Rest	
	Virilium	(G)		24		5		1,4	Rest	
Co-Cr	Wisil	(G)	0,4	27	1	5	–	–	Rest	
	Nobilium	(G)	0,5	28	0,5	5	–	0,5	Rest	
	Wironium	(G)	–	27	–	5	–	0,2	Rest	
	Wironit	(G)		28	0,1	5	–	0,1	Rest	
Co-Cr-Mo	Tribaloy T-400	(G)	–	8	–	28	–	–	Rest	
	Tribaloy T-800	(G)	–	17	–	28	–	–	Rest	
	MEC-1	(G)	0,2	18	–	–	–	40	Rest	
Co-Cr-Ni	Wiptam	(G)	–	30	–	–	–	25	Rest	
	TD-CO	(P)	–	18	–	–	–	20	Rest	$2ThO_2$
Co-Cr-Fe	Umco-50	(K)	0,1	28	21	28	–	–	Rest	
	CM-7	(G)	0,1	20	–	–	15	15	Rest	1,3 Ti
Co-Cr-Ni-W	188	(K)	0,1	22	1,5	–	14	22	Rest	0,08 La
	25	(K)	0,1	20	–	–	15	10	Rest	1,5 Mn
	Ticonium	(G)	0,2	27		10	–	38	Rest	
Co-Cr-Ni-Mo	MP 35N	(G)	–	20	–	10	–	35	Rest	
	Protasul-10	(G)	0,025	20	1	10	–	35	Rest	0,8 Ti

G: Gußlegierung
P: Pulvermetallurgisch hergestellte Legierung
K: Knetlegierung

Tab. 2 A Physikalische und typische mechanische Eigenschaften von Cobalt.*

Wärmeleitfähigkeit (0 °C – 100 °C)	0,165 cal/(cm · s · Grad)
Wärmeausdehnung (20 °C – 100 °C)	$12{,}5 \cdot 10^{-6}$ 1/Grad
Curie-Temperatur	1121 °C
Spez. elektr. Widerstand (0 °C)	0,058 Ω · mm^2/m
Streckgrenze	290 N/mm^2
Zugfestigkeit	690 N/mm^2
E-Modul	206.000 N/mm^2
Brinellhärte (im Gußzustand)	1.200 N/mm^2

* Die Zusammensetzung und Eigenschaften von Cobaltlegierungen sind nicht durch DIN-Normen festgelegt, mit Ausnahme der DIN 13912 für Modellgußlegierungen. Hinweise auf die Zusammensetzung von Cobaltlegierungen finden sich in der Stahleisenliste, Nov. 1989, S. 104 – 105, Verlag Stahleisen, Düsseldorf.

Tab. 2B Marken- bzw. Handelsnamen typischer Cobaltlegierungen.

Handelsname	Hersteller
Conicro	Krupp VDM GmbH
Wiron, Wironit, Wironium	Thyssen AG
Vitallium	Howmet Corp.
Protasul	Gebr. Sulzer AG
Haynes	Haynes International

Überblick

	Nickel	Cobalt
Relative Atommasse	58,69	58,93
Dichte (g/cm^3)	8,908	8,90
Schmelzpunkt (°C)	1453	1493
Siedepunkt (°C)	ca. 2800	ca. 3100
Chemische Wertigkeit	II/III	(I)/II/III/(IV)
Normalpotential (Volt)	Ni/Ni^{2+} − 0,25	Co/Co^{2+} − 0,15 bis − 0,30
Korrosionsgeschwindigkeit		
1 $g/(m^2$ Tag)	≙ 0,0412 mm/Jahr	≙ 0,0413 mm/Jahr
1 mm/Jahr	≙ 24,25 $g/(m^2$ Tag)	≙ 24,19 $g/(m^2$ Tag)

2 Nickel

2.1 Verhalten in wässrigen Lösungen und Salzen

2.1.1 Elektrochemisches Verhalten

Das Gleichgewichtspotential-pH-Diagramm des Systems Ni-H_2O in Abb. 1 zeigt die einzelnen Beständigkeitsbereiche möglicher Phasen. Hiernach liegt das Normalpotential von Ni/Ni^{2+} gegenüber der Normalwasserstoffelektrode bei − 0,25 V und weist damit Nickel als elektrochemisch edler als Zink und Eisen aus. Liegt das Potential unterhalb des Potentials der Wasserstoffelektrode (Gerade A in Abb. 1) kommt es im pH-Bereich bis etwa pH 7 zur Nickelauflösung bei gleichzeitiger H^+-Ionen-Entladung und H_2-Abscheidung; oberhalb von pH 7 erfolgt kein Angriff. Oberhalb des Potentials der reversiblen Sauerstoffelektrode (Gerade B in Abb. 1) sollte es oberhalb von pH 3,5 zur Passivierung von Nickel bei gleichzeitiger Wasserzersetzung kommen.

Nach diesem Gleichgewichtspotential-pH-Diagramm ist also zu erwarten, daß

1. in neutralen und leicht alkalischen Lösungen eine Passivierung durch NiO_2, Ni_2O_3, Ni_3O_4 und $Ni(OH)_2$-Oberflächendeckschichten eintritt und

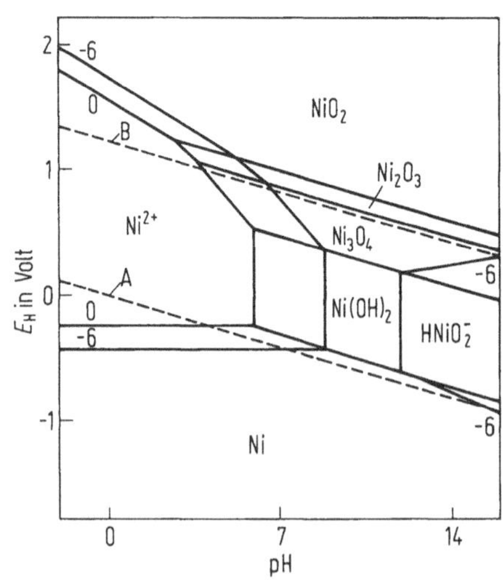

Abb. 1 Gleichgewichtspotential-pH-Diagramm für das System Ni-H_2O bei 25 °C [19]. (0 bzw. −6 stehen für das Gleichgewichtsverhältnis von fester Phase und einem Ion bei den Aktivitäten 1 und $1 \cdot 10^{-6}$ mol/kg).

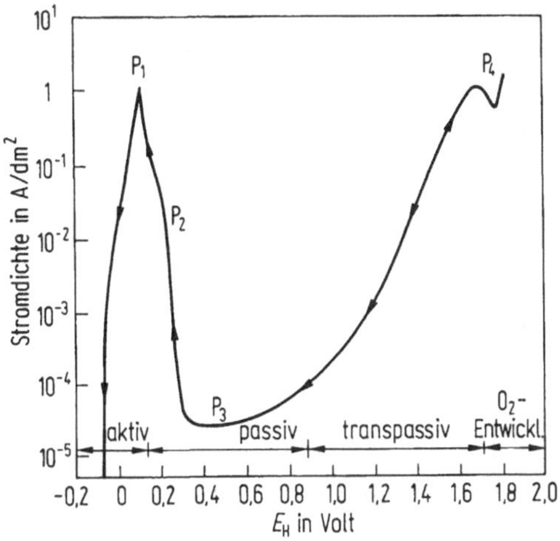

Abb. 2 Potentiostatisch gemessene Polarisationskurve von spektroskopisch reinem Nickel in entlüfteter 1 n Schwefelsäure von 25 °C (die Pfeile geben die Meßrichtung an) [20].

2. in sauren Lösungen bzw. in stark alkalischen Lösungen Nickel in Form von Ni^{2+} bzw. $HNiO_2^-$ in Lösung geht.

Das in den folgenden Kapiteln beschriebene Verhalten von Nickel in praktischen Prüfmedien wird jedoch zeigen, daß sich Nickel durchaus korrosionsbeständiger verhält als das Potential-pH-Diagramm erwarten läßt. Dies ist z. T. auf die Unsicherheit bei der Ermittlung der Beständigkeitsbereiche bei Temperaturen oberhalb von 25 °C zurückzuführen [19]. Vor allem aber wird durch das Gleichgewichtspotential-pH-Diagramm definitionsgemäß nur das thermodynamische Gleichgewichtsverhalten beschrieben, d. h. die Kinetik außer acht gelassen. Außerdem wird die Phase NiO nicht berücksichtigt, die für die primäre Passivierung des Nickels verantwortlich ist [91].

Das anodische Verhalten von Nickel ist in Abb. 2 dargestellt. Die Stromdichte-Potential-Kurve, aufgenommen in 25 °C warmer entlüfteter Schwefelsäure, zeigt einen Aktivbereich, der sich von − 0,1 V bis ca. 0,3 V erstreckt, d. h., das für die anodische Polarisation aufzubringende Potential ist bei Nickel wesentlich höher als das anderer Metalle. Berücksichtigt man nun das leicht negative Gleichgewichtspotential Ni/Ni^{2+} gegenüber der Normalwasserstoffelektrode, so wird verständlich, warum die aktive Auflösungsgeschwindigkeit von Nickel nur sehr gering ist, wenn keine stärkeren Oxidationsmittel als H^+ anwesend sind.

Die Stromdichte im Aktivbereich ist medienseitig eine Funktion des Potentials, der Potentialänderungsgeschwindigkeit, der Temperatur und des pH-Wertes; werkstoffseitig führen Kaltverformung und Gefügeinhomogenitäten zu erhöhten Stromdichten im Aktivbereich.

Im Passivbereich ist die Auflösungsstromdichte fast auf das Niveau des Eisens abgesenkt, liegt jedoch deutlich höher als bei Aluminium, Titan und Chrom.

Die Passivierung des Werkstoffes ist auf die Bildung eines schützenden, selbstheilenden Oxid- oder Hydroxidfilms zurückzuführen. Unterschiedliche Auffassungen gibt es allerdings, ob der sich nach Gl. (1) bzw. nach Gl. (2) bildende Oxid- bzw. Hydroxidfilm

$$Ni + H_2O \rightarrow NiO + 2H^+ + 2e^- \quad (1)$$

$$Ni + 2H_2O \rightarrow Ni(OH)_2 + 2H^+ + 2e^- \quad (2)$$

für die Passivierung verantwortlich ist oder ob ein adsorbierter monomolekularer Sauerstoff-Film nach Gl. (3)

$$Ni + 2H_2O \rightarrow O_2 \text{ (ads. auf Ni)} + 4H^+ + 4e^- \quad (3)$$

allein oder in Verbindung mit einem bereits existierenden Oxid- bzw. Hydroxidfilm hierfür erforderlich ist.

Gegen einen $Ni(OH)_2$-Film spricht, daß diese Phase bei niedrigem pH-Wert thermodynamisch nicht beständig ist. Gegen ein NiO-Phasen-Oxid spricht die Tatsache, daß auch bei sehr hohen Metallabtragungsgeschwindigkeiten eine Passivierung eintritt, sowie die Abweichung des tatsächlichen Passivierungspotentials ($E_p = 0{,}35\ V_H$, bei steigender Polarisation gemessen) vom thermodynamischen Gleichgewichtspotential für die NiO-Bildung ($E_p = 0{,}11\ V_H$). Ursache der primären Passivierung dürfte also ein Chemisorptionsfilm von Sauerstoff sein, während für den stationären passiven Zustand eine zusätzliche Bedeckung mit einem NiO-Phasen-Oxid angenommen werden muß [91].

Letzteres wird auch bestätigt durch den in Abb. 2 wiedergegebenen Befund, wonach bei fallender Polarisation, d. h. vom passiven Zustand ausgehend, ein Passivierungspotential (Potential des Stromdichtemaximums) bei etwa $E_{i,max} = 0{,}1\ V_H$ gemessen wird.

Die Passivstromdichte ist werkstoffseitig abhängig vom Reinheitsgrad, hier sind im wesentlichen die Elemente S, Se, Te, P, C und Si von Bedeutung, der Gefüge-

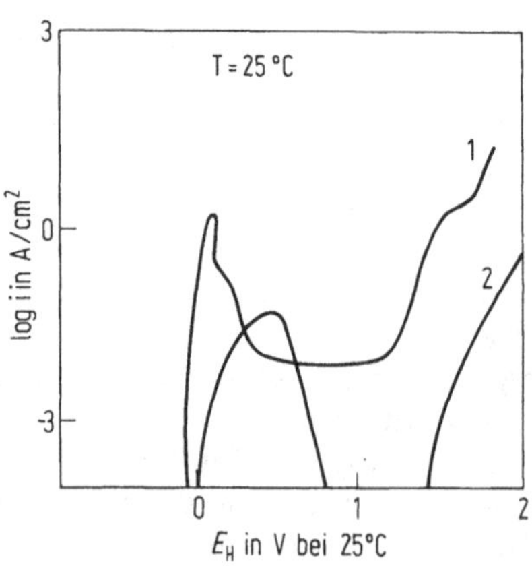

Abb. 3 Einfluß der Elektrolytzusammensetzung auf das anodische Verhalten von Nickel [19].
Kurve 1: 0,025 molare H_2SO_4 + 0,025 molare K_2SO_4 (pH 1.3), entlüftet mit H_2, potentiokinetisch aufgenommen mit 2 V/h, von negativen Potentialen ausgehend.
Kurve 2: 0,05 molare H_2SO_4, stickstoffgesättigt.

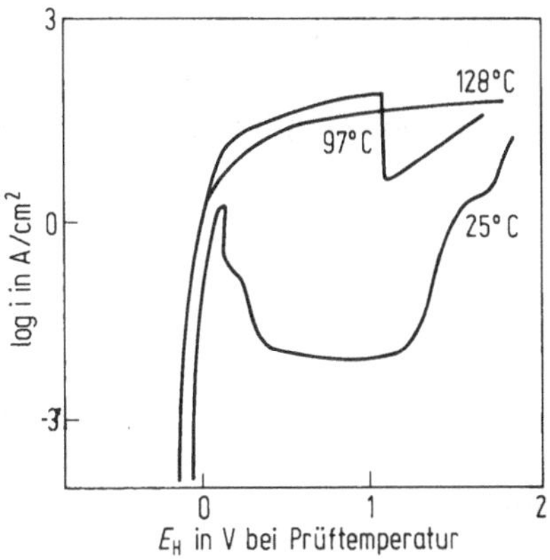

Abb. 4 Einfluß der Temperatur auf das anodische Verhalten von Nickel in 0,025 molarer H_2SO_4 + 0,025 molarer K_2SO_4 (pH 1.3), entlüftet mit H_2. Mit 2 V/h potentiokinetisch von negativen Potentialen beginnend bestimmt [19].

homogenität wird eine geringere Bedeutung beigemessen. Elektrolytseitig sind natürlich die Elektrolytzusammensetzung, Elektrolytzusätze, der pH-Wert und die Temperatur des Elektrolyten von besonderem Einfluß [19–20].

Abb. 3 zeigt exemplarisch den Einfluß der Elektrolytzusammensetzung. Deutlich sichtbar ist die erniedrigte Aktivstromdichte und der eingeengte Passivbereich bei der stickstoffgesättigten 0,05 molaren H_2SO_4.

Eine Anhebung der Elektrolyttemperatur, wie in Abb. 4 dargestellt, führt zu einer Erhöhung der Aktivstromdichte und einer Auflösung des Passivbereiches.

Jenseits des Passivbereiches im Bereich höherer Potentiale wird Nickel transpassiv, d. h. Nickel geht als Ni^{2+} in Lösung, wobei im Transpassivbereich die Korngrenzbereiche bevorzugt angegriffen werden [91].

Eine weitere Erhöhung des Potentials führt zu einem Bereich sekundärer Passivität, in dem kein interkristalliner Angriff mehr zu beobachten ist, obwohl die Stromdichte um mehrere Zehnerpotenzen oberhalb der Passivstromdichte liegt.

Oberhalb des Bereiches sekundärer Passivität steigt die anodische Stromdichte wieder stark an. Die Auflösung des Nickels erfolgt zunächst wiederum bevorzugt interkristallin, wobei Nickel hauptsächlich als Ni^{3+} in Lösung geht, und durch die Entwicklung von Sauerstoff begleitet wird [19, 91].

2.1.2 Verhalten in Süßwasser

Nickel ist sehr beständig gegenüber dem Angriff von Süßwasser bis zum Siedepunkt, aggressiven Trinkwässern, entlüftetem und aufbereitetem Kesselspeisewasser und destilliertem und entionisiertem Kühlwasser für Kernkraftwerke.

Stark saure und oxidierende Wässer mit hohen Gehalten an Eisen-(III)- oder Kupfersalzen, wie z. B. Grubenwässer, können zu deutlich höheren Abtragsraten führen. In stehenden Wässern besteht hier die Gefahr der Pitting-Bildung.

In wasserstoffbeladenen Wässern bei Temperaturen oberhalb des Siedepunktes und hohen Strömungsgeschwindigkeiten erleidet Nickel keine nennenswerten Abtragungsraten, während O_2 und CO_2 enthaltende Dampfkondensate zu deutlichen Schädigungen führen [20–21].

2.1.3 Verhalten in Meerwasser

Nickel verhält sich in strömendem Meerwasser in getauchtem Zustand passiv. Die Korrosionsgeschwindigkeit liegt hier normalerweise unter 0,125 mm/a. Da Nickel gegenüber Meeresorganismen nicht toxisch wirkt, kommt es unter Stillstandsbedingungen, also in ruhendem oder geschütztem Meerwasser, zu starkem Bewuchs. Unterhalb des Bewuchses wird die Passivschicht zerstört, so daß es zur Loch- und Spaltkorrosion kommt.

Generell läßt sich beobachten, daß die Korrosionsbeständigkeit von Nickel in Häfen, wo von einem hohen Verschmutzungsgrad ausgegangen werden kann, schlechter ist als in nicht verunreinigtem Meerwasser in Strandnähe [20–21].

2.1.4 Verhalten in alkalischen Lösungen

Nickel gehört zu den beständigsten metallischen Werkstoffen in Natron- und Kalilauge. Bei Temperaturen oberhalb von 350 °C verhält sich Kalilauge deutlich aggressiver gegenüber Nickel als Natronlauge, so daß der Werkstoff unter Umständen sogar kathodisch geschützt werden muß.

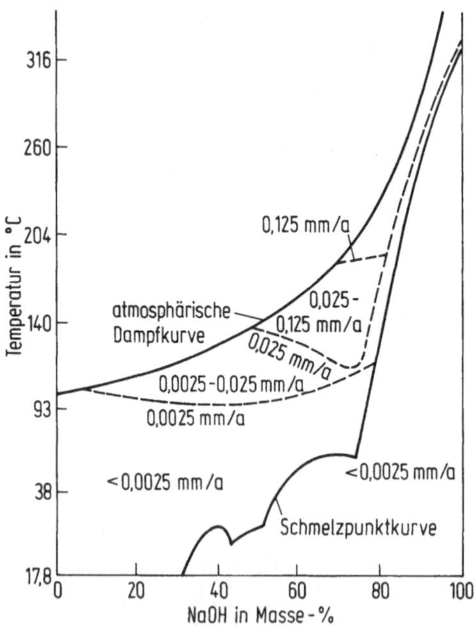

Abb. 5 Isokorrosionsdiagramm für Nickel 200 und 201 in NaOH [21].

Bei Temperaturen oberhalb von 300 °C wird Nickel mit niedrigem Kohlenstoffgehalt eingesetzt, um die in dem Temperaturbereich von 315–650 °C auftretende Graphitausscheidung zu vermeiden. Die auf den Korngrenzen auftretende Graphitausscheidung bewirkt eine Sensibilisierung des Werkstoffes gegenüber interkristallinem Angriff in alkalischen Medien, besonders bei überlagerter Zugspannung.

Abb. 5 zeigt die Grenzlinien der Korrosionsgeschwindigkeit von Nickel in NaOH in Abhängigkeit von ihrer Konzentration und Temperatur. Hiernach kann Nickel in NaOH bei allen Konzentrationen bis zur maximal geprüften Temperatur von 371 °C eingesetzt werden. Durch hohe Strömungsgeschwindigkeiten von NaOH wird die Korrosion in mit steigender Strömungsgeschwindigkeit zunehmendem Maße von Erosion überlagert.

Abb. 6 zeigt die Simulation des Strömungsgeschwindigkeitseinflusses in Form einer in NaOH rotierenden Nickelscheibe bei Temperaturen von 400–720 °C. Eine korrosionsbeschleunigende Wirkung ist ab etwa 500 °C zu beobachten. Ab ca. 600 °C wird die Korrosion sehr stark beschleunigt.

Geringe Zusätze an oxidierenden, alkalischen, schwefelhaltigen Salzen, wie z. B. Na_2SO_3, $Na_2S_2O_3$, Na_2S oder oxidierend wirkenden Verbindungen wie $NaClO_3$ und Na_2O_2, verschlechtern die Korrosionsbeständigkeit von Nickel in NaOH.

Zusätze wie $NaNO_3$ und Na_2CrO_4 führen, wie Abb. 7 zeigt, bei hohen Temperaturen zu einer Verbesserung der Korrosionsbeständigkeit.

Nickel ist in reiner NaOH bis ungefähr 550 °C einsetzbar. Oberhalb von 600 °C ist in NaOH-Schmelzen ein Stofftransport zu beobachten, der zu beschleunigter Auflösung von Nickel im Bereich hoher Temperaturen und einer Abscheidung im Bereich niedriger Badtemperaturen führt. Unter isothermer Prozeßführung und unter Wasserstoffatmosphäre kann die Korrosionsbeständigkeit von Nickel in NaOH bis ca. 815 °C aufrechterhalten werden. Zusätze von 10% Natriumaluminat verringern zusätzlich bei 815 °C den Stofftransport von Nickel.

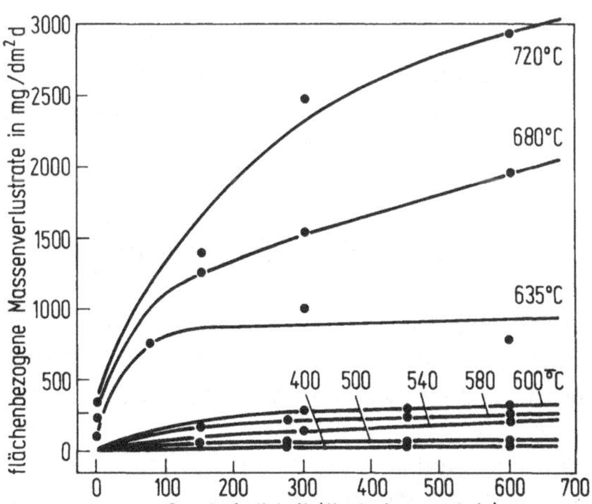

Abb. 6 Verhalten von Nickel in NaOH-Schmelzen in Abhängigkeit von der Temperatur und Rotationsgeschwindigkeit [22].

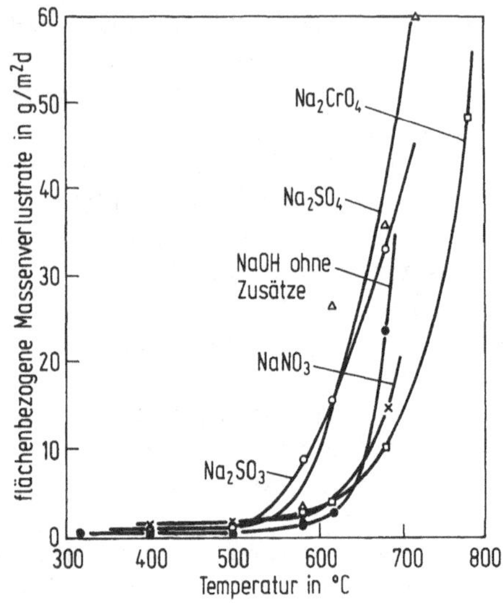

Abb. 7 Korrosionsgeschwindigkeit von Nickel in NaOH-Schmelzen mit Zusätzen in eutektischen Mengen [20].

Nickel ist zwar beständig in Ammoniumanhydrit, aber in Ammoniumhydroxid nur einsetzbar bis zu 2%-igen Lösungen. Belüftung kann zur Passivierung in bis zu 10%-igen Lösungen führen [20–22].

2.1.5 Verhalten in neutralen und alkalischen Salzlösungen

Nickel weist eine gute Beständigkeit in neutralen und alkalischen Salzlösungen auf, wie z. B. Chloriden (Calcium-, Lithium-, Kalium- und Natriumchlorid), Alkalicarbonaten, Bicarbonaten, Silikaten, Phosphaten, Natriumsulfat und -nitrat. Die Abtragungsraten liegen gewöhnlich unter 0,13 mm/a [21].

2.1.6 Verhalten in oxidierend wirkenden Lösungen und Säuren

Obwohl, wie bereits beschrieben, Polarisationsmessungen für Nickel einen existierenden Passivbereich ergaben, wird Nickel im allgemeinen durch oxidierend wirkende Säuren, wie z. B. Salpeter- und Chromsäure und durch Lösungen oxidierend wirkender Salze wie z. B. Eisen-, Kupfer- und Quecksilberchloride oder Sulfate, sehr stark angegriffen, vermutlich weil das Korrosionspotential nicht mehr im Passivbereich, sondern schon im Transpassivbereich liegt.

So beträgt beispielsweise der Gewichtsverlust in nicht inhibierter rauchender Salpetersäure bei 54 °C mehr als 1 mm/a. Der Einsatz von Nickel in extrem verdünnter, kalter Salpetersäure (0,5%) erscheint jedoch möglich.

Die Zugabe von oxidierend wirkenden Salzen wie Chromaten, Dichromaten, Nitraten und Peroxiden zu Mineralsäuren erhöht deutlich die korrosive Wirkung der Säuren [21].

2.1.7 Verhalten in nicht oxidierend wirkenden Lösungen und Säuren

Die Einsatzgrenze von Nickel in kalter unbelüfteter Schwefelsäure liegt bei ca. 5%-iger H_2SO_4. Ein Anstieg der Schwefelsäurekonzentration bis auf ca. 70–80% führt zu einer gleichmäßigen Erniedrigung der Korrosionsrate. Säurekonzentrationen oberhalb von 70–80% führen zu sprunghaft ansteigenden und unsteten Korrosionsraten (Tabelle 3) [23, 24].

Tab. 3 Labor-Korrosionsuntersuchungen an Nickel 200 in Schwefelsäure unterschiedlicher Konzentration bei Raumtemperatur [23].

H_2SO_4 in Masse %	Temperatur in °C	Testdauer in Stunden	Strömungs-geschwindigkeit in m/min.	Korrosionsrate in mm/a	
				unbelüftet	luftgesättigt
1	30	120	4,72	–	1,245
2	21	5	keine	0,051	–
5	19	100	keine	0,056	–
5	30	24	4,88	0,229	1,549
10	21	96	keine	0,043	–
20	21	5	keine	0,102	–
50	30	24	4,88	–	0,406
70	38	24	4,72	0,737	–
93	30	24	4,72	–	0,254
95	21	20	keine	1,803	–

Da die Verwendung von Nickel in Schwefelsäure oberhalb von Raumtemperatur schon als kritisch angesehen werden kann (Tabelle 4), bleibt der Einsatz von Nickel auf Raumtemperatur und auf Säurekonzentrationen bis zu 20% beschränkt [23, 24].

Der Einsatz von Nickel in Salzsäure ist beschränkt auf verdünnte unbelüftete Lösungen. Bei Raumtemperatur hat Nickel einen nützlichen Korrosionswiderstand bis zu 15%-iger unbelüfteter oder mäßig belüfteter HCl (Abb. 8). In heißen Lösungen bleibt der Einsatz von Nickel auf Temperaturen unter 55 °C und 5%-ige sauerstofffreie Säuren beschränkt (Abb. 9) [21, 25–28].

Da Nickel in Flußsäure nicht so beständig ist wie Nickel-Kupfer-Legierungen, ist der Korrosionsbeständigkeit von Nickel in HF bisher wenig Beachtung geschenkt worden, dennoch sollte Nickel eine nützliche Korrosionsbeständigkeit in den meisten unbelüfteten und sauerstofffreien Säurekonzentrationen bis zu Temperaturen von 60 °C haben [21, 29].

Tab. 4 Labor-Korrosionsuntersuchungen an Nickel 200 in Schwefelsäure bei verschiedenen Temperaturen [23].

H_2SO_4 in Masse %	Temperatur in °C	Testdauer in Stunden	Strömungs-geschwindig-keit in m/min.	Korrosionsrate in mm/a	
				unbelüftet	luftgesättigt
1	78	20	4,72	–	2,794
5	60	100	keine	0,254	–
5	60	20	4,72	–	2,235
5	71	18	4,88	–	2,616
5	77	120	keine	0,533	–
5	78	20	4,72	0,762	5,080
10	60	20	4,57	–	2,261
10	77	120	keine	0,305	–
10	80	6	keine	–	3,048
25	82	20	7,92	–	2,108
48	70	–	keine	0,457	–
93	65	–	keine	3,708	–

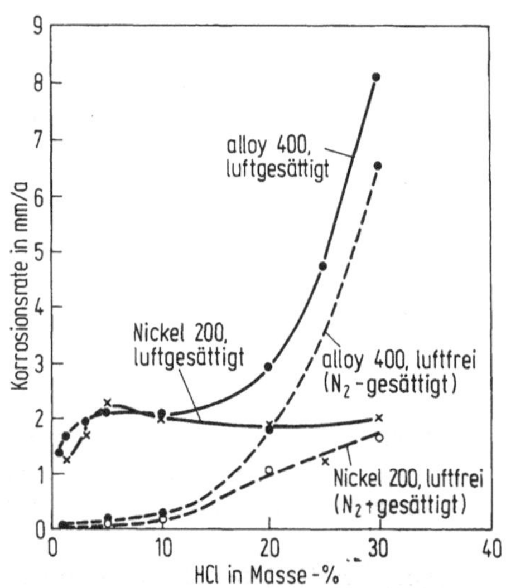

Abb. 8 Korrosion von Nickel 200 und NiCu30Fe (alloy 400) in HCl unterschiedlicher Konzentration bei 30 °C [21].

In Phosphorsäure ist Nickel bei Raumtemperatur bei allen Säurekonzentrationen beständig. Ab ca. 50 °C steigt die Korrosionsgeschwindigkeit stark an, es tritt Lokalkorrosion auf. Starke Belüftung erhöht ebenfalls die Korrosionsrate von Nickel in Phosphorsäure. Nickel ist ungeeignet für den Einsatz von nach dem

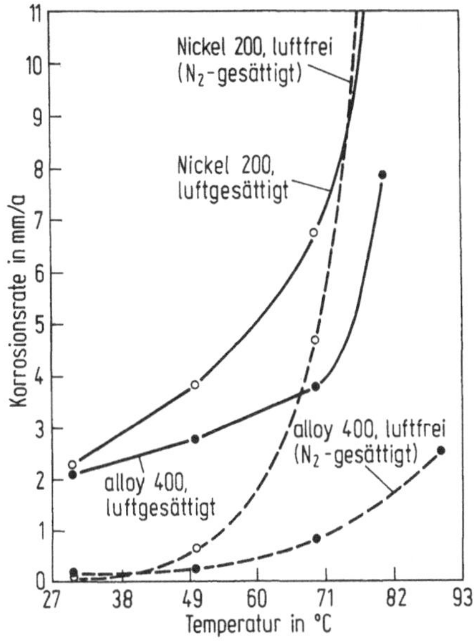

Abb. 9 Einfluß der Temperatur auf die Korrosion von Nickel 200 und NiCu30Fe (alloy 400) in luftfreier und luftgesättigter 5%-iger HCl [21, 40].

Naßaufschlußverfahren gewonnener Phosphorsäure, da die hierbei entstehende Lösung geringe Gehalte an H_2SO_4, HF und oxidierenden Salzen enthält, und somit hochkorrosiv gegenüber Nickel wirkt [30–32].

2.1.8 Verhalten in organischen Lösungen und Säuren

Organische Säuren mit einer (COOH)-Gruppe, wie z. B. Ameisen und Essigsäure, verhalten sich gegenüber Nickel ähnlich. Nickel ist in diesen Säuren im unbelüfteten Zustand beständig. In siedender Säure oder bei einem hohen Grad an Belüftung kommt es zu starkem Korrosionsangriff, besonders in wässrigen Lösungen dieser Säuren.

Die Beständigkeit von Nickel nimmt in der Reihenfolge Ameisen-, Milch-, Zitronen- und Essigsäure zu.

In Fettsäuren wie Olein-, Stearin- und Palminsäure ist Nickel bis zu 210 °C beständig [21].

2.2 Verhalten in Gasen

2.2.1 Grundlagen der Oxidation

Nickel bildet mit Sauerstoff nach Gl. (4) das Oxid NiO. Wie das Zweistoffsystem Nickel–Sauerstoff zeigt, nimmt die Löslichkeit vom Sauerstoff in Nickel mit

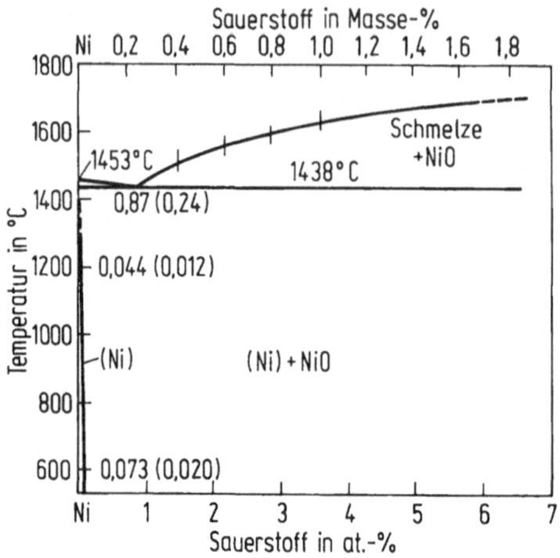

Abb. 10 Das Zweistoffsystem Nickel-Sauerstoff [33].

abnehmender Temperatur zu und erreicht bei 600 °C 0,02% gelösten Sauerstoff (Abb. 10).

$$2Ni + O_2 \rightarrow 2NiO \tag{4}$$

Unter Anwendung des Massenwirkungsgesetzes ergibt sich die Massenwirkungskonstante K_p nach Gl. (5):

$$K_p = K_{p'} \frac{a_{Ni}^2}{a_{NiO}^2} = \frac{1}{p_{O_2}} \tag{5}$$

Setzt man nun die Massenwirkungskonstante in die Gleichung für die freie Bildungsenergie ein, so ergibt sich:

$$\Delta G = \Delta G^0 - RT \ln p_{O_2} \tag{6}$$

In Gl. (6) ist ΔG^0 die Standardbildungsenergie, das heißt die Bildungsenergie bei einem Sauerstoffpartialdruck von 1 atm. bzw. 0,1 MPa.

Geht man nun davon aus, daß Metall und Metalloxid nach Gl. (7) im Gleichgewicht stehen

$$2Ni + O_2 \rightleftharpoons 2NiO \tag{7}$$

also keine treibende Kraft für die Reaktion, weder in der einen noch in der anderen Richtung gegeben ist, so ist $\Delta G = 0$ und es folgt hieraus für die Gl. (6):

$$\Delta G^0 = RT \ln p_{O_2} \tag{8}$$

Die in Gl. (8) dargestellte Beziehung von ΔG^0, T und p_{O_2} ermöglicht bei Kenntnis von ΔG^0 die temperaturabhängige Darstellung der Zersetzungsdrücke von auf festen Metallen gebildeten Oxiden.

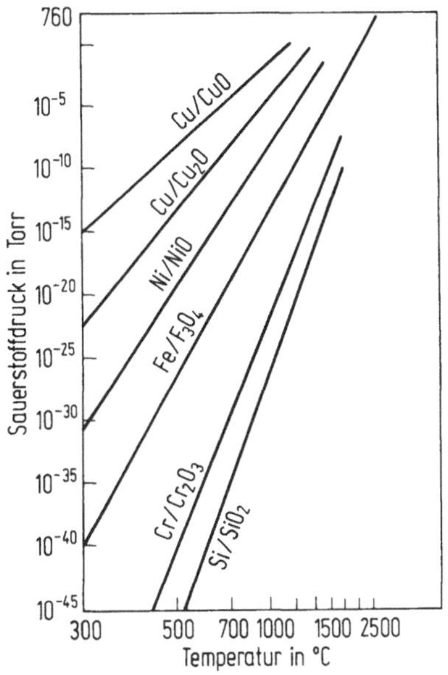

Abb. 11 Zersetzungsdrücke von Metalloxiden [33].

Wie Abb. 11 zeigt, bildet sich Nickeloxid bei niedrigeren Sauerstoffpartialdrücken als Kupfer(I)- bzw. Kupfer(II)-Oxid. Für die Bildung von Nickeloxid wiederum sind höhere Sauerstoffpartialdrücke notwendig als für die Bildung von Eisen-, Chrom- und Siliziumoxid.

Betrachtet man nun die freie Bildungsenergie für einen konstanten Sauerstoffpartialdruck von 1 atm oder 0,1 MPa, so wird in Gl. (6) der Ausdruck $RT \ln p_{O_2}$ Null und die freie Bildungsenergie ist nach Gl. (9) gleich der Standardbildungsenergie:

$$\Delta G^0 = \Delta G \tag{9}$$

Damit ergibt sich unter Berücksichtigung von Gl. (9)

$$\Delta G = \Delta H - T \Delta S \tag{10}$$

für die Standardbildungsenergie Gl. (11):

$$\Delta G^0 = \Delta H - T \Delta S \tag{11}$$

In Gl. (9) ist ΔH die freie Bildungsenthalpie, T die Temperatur und ΔS die Entropieänderung.

Diese Gleichung ermöglicht die meßtechnische Erfassung der Standardbildungsenergie in Abhängigkeit von der Temperatur, da die freie Bildungsenthalpie bei konstantem Druck die Reaktionswärme Q_p ist und der Ausdruck $(- T \Delta S)$ ebenfalls eine Wärmetönung ausdrückt. Abb. 12 zeigt die Standardbildungsenergien verschiedener Oxidationsreaktionen in Abhängigkeit von der Temperatur. Man erkennt, daß NiO stabiler als Cu_2O und instabiler als FeO und Cr_2O_3 ist.

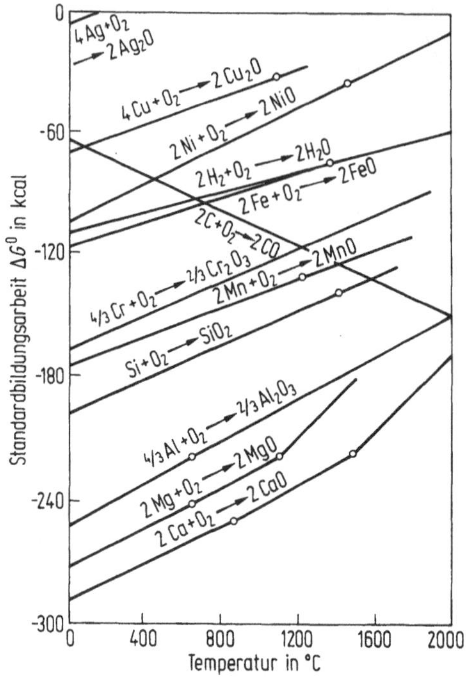

Abb. 12 Standardbildungsenthalpien von Oxidationsreaktionen in Abhängigkeit von der Temperatur (die eingezeichneten Kreise entsprechen den Schmelz- und Siedepunkten der betreffenden Metalle [33].

Mit steigender Temperatur nähern sich die Werte für die Standardbildungsenergie Null, das bedeutet, daß das System Metall/Metalloxid sich seinem thermodynamischen Gleichgewicht nähert. Für Nickel bedeutet das, daß Ni und NiO bei Temperaturen oberhalb von 2000 °C, also oberhalb des Schmelzpunktes von NiO, im Gleichgewicht stehen.

Nickeloxid hat die Struktur eines Defekthalbleiters, d. h. in dem Ionengitter sind nach Abb. 13 Kationenplätze unbesetzt (V_{Ni}^{2-}). Um die Elektronenneutralität des Kristalls nach außen aufrecht zu erhalten, müssen für jeden nicht besetzten Katio-

Abb. 13 Fehlordnungsmodell des Nickeloxidgitters mit Nickeldefizit [33].

nengitterplatz zwei h^+-Ladungsdefekte in das Gitter eingebaut werden. Dies geschieht nach Gl. (12) wie folgt [92]:

$$1/2O_2 \rightleftharpoons V_{Ni}^{2-} + 2h^+ + O_0 \qquad (12)$$

Aus Gl. (12) wird deutlich, daß der höchste Fehlordnungsgrad an der Phasengrenze Oxid/Sauerstoff vorhanden sein muß, woraus folgt, daß die Diffusion von Kationen und Elektronen in Richtung Gasphase erfolgen muß. Desweiteren sieht man unter Anwendung des Massenwirkungsgesetzes nach Gl. (13) und (14),

$$K = \frac{c(V_{Ni}^{2-}) \cdot c(h^+)^2}{(p_{O_2})^{1/2}} \qquad (13)$$

$$c(V_{Ni}^{2-}) \cdot c(h^+)^2 = K \cdot (p_{O_2})^{1/2} \qquad (14)$$

daß mit steigendem Sauerstoffpartialdruck der Fehlordnungsgrad des Oxids wächst.

Nach Gl. (12) sollte erwartet werden, daß die Oxidation ausschließlich durch Auswärtsdiffusion von Kationen erfolgt, tatsächlich wird aber in der Praxis ein zweischichtiges Oxid beobachtet, dessen innere Lage hellgrün erscheint, sauerstoffreich ist und durch die Einwärtsdiffusion von Sauerstoff entstanden ist, während die äußere Lage schwarz erscheint, sauerstoffarm ist und durch Auswärtsdiffusion von Kationen entstanden ist [93].

Das NiO-Gitter kann bis zu 4% Sauerstoffüberschuß enthalten [104]. Eine mögliche Ursache für die beobachtete Sauerstoffanreicherung könnte in örtlichen Fehlstellen im Oxid begründet sein, die dem Sauerstoff freien Zutritt zur Metalloberfläche gestatten und damit die Reaktion nach Gl. (12) erneut einsetzen lassen.

Das mit dem nach Gl. (12) verbundene Oxidwachstum führt zu einem starken Spannungsanstieg, der, gerade im Bereich der Phasengrenze durch die hier ohnehin existierende Spannungskonzentration, zu lokalen Abplatzvorgängen des Oxids vom Metall führen kann und somit eine Katalysierung des einmal eingeleiteten Vorgangs bewirkt.

Und in der Tat ist es so, daß entgegen älteren Aussagen in der Literatur, der Bereich des parabolischen Oxidwachstums sich nicht von 750 – 1240 °C erstreckt, sondern bereits ab 900 °C erste Abweichungen vom parabolischen Oxidwachstumsverhalten beobachtet werden können. Hohe Temperaturen unterstützen den oben beschriebenen Effekt durch eine Erhöhung der Spannungskonzentration an der Phasengrenzfläche Metall/Oxid infolge steigender Differenzen in den thermischen Ausdehnungskoeffizienten von Metall und Oxid [93].

Das nach F. L. LaQue und H. R. Copson von 600 °C bis ca. 900 °C geltende parabolische Oxidwachstumsgesetz geht davon aus, daß bei einer bestimmten Tem-

Anmerkungen:

h: hole; Loch; Ladungsdefekt.

V: vacancy, Leerstelle.

V_{Ni}^{2-}: Kationenleerstelle, die *relativ* zum normalen Gitterplatz (Ni^{2+}) zweifach negativ geladen ist.

h^+: positiver Ladungsdefekt; Defektelektron.

O_0: O^{2-}-Ion auf einem Anionengitterplatz, das sich in Bezug auf das normale Gitter neutral verhält, d. h. dessen *relative* Wertigkeit in Bezug auf das Normalgitter gleich Null ist.

peratur und Dicke der Oxidschicht die Diffusion eines Reaktionspartners der langsamste und damit geschwindigkeitsbestimmende Reaktionsschritt ist, d. h. die Diffusion ist der geschwindigkeitsbestimmende Teilschritt der Oxidation [105]. In diesem Falle ist die Dickenzunahme der Oxidschicht nach Gl. (15) umgekehrt proportional zur Schichtdicke.

$$\frac{\mathrm{d}s}{\mathrm{d}t} = K \cdot \frac{1}{s} \tag{15}$$

In Gl. (15) ist $\mathrm{d}s/\mathrm{d}t$ die zeitliche Änderung der Schichtdicke, s die Schichtdicke und K eine Konstante.

Die Integration von Gl. (15) nach der Zeit zeigt in Gl. (16) die bereits oben beschriebene parabolische Abhängigkeit der Schichtdicke von der Zeit.

$$s^2 = K \cdot t + s_0 \tag{16}$$

Hierin ist s_0 die Ausgangsschichtdicke.

Wie bereits oben beschrieben, ist das parabolische Oxidwachstum nur für einen bestimmten Temperaturbereich gültig. Bei höheren Temperaturen beobachtet man eine starke Abweichung von dieser Gesetzmäßigkeit in Richtung auf ein beschleunigtes Oxidwachstum. Die Ursache hierfür liegt darin begründet, daß parabolisches Oxidwachstum nur dann auftreten kann, wenn bereits eine Oxidschicht ausreichender Dicke vorhanden ist und somit das 1. *Ficksche Gesetz* nach Gl. (17), in dem das Konzentrationsgefälle als die treibende Kraft für die Diffusion definiert wird, Anwendung finden kann.

$$\frac{1}{V} \cdot \frac{\mathrm{d}u}{\mathrm{d}t} = -\frac{D \cdot q}{V} \cdot \frac{\mathrm{d}c}{\mathrm{d}x} \tag{17}$$

In Gl. (17) ist D die Diffusionskonstante, $\mathrm{d}u/\mathrm{d}t$ der zeitabhängige Stofftransport, $\mathrm{d}c/\mathrm{d}x$ die ortsabhängige Konzentration, V das Volumen und q die Querschnittsfläche, durch die der Stofftransport erfolgt.

Bei niedrigen Temperaturen, ebenso wie in der Anfangsphase der Oxidation bei Temperaturen im Bereich des parabolischen Oxidwachstums, sind die Oxidschichten so dünn, daß die Diffusion der Reaktionspartner durch sie hindurch ihren geschwindigkeitsbestimmenden Einfluß verliert. Man erkennt in Abb. 14 ein logarithmisches Wachstum der Oxidschichtdicke für Nickel im Temperaturbereich von 485–645 °C.

Sehr hohe Temperaturen führen dagegen zu einer hohen Anzahl an mikroskopischen und makroskopischen Fehlstellen im Oxid, bedingt durch die mit steigender Temperatur zunehmenden Ausdehnungsunterschiede zwischen Metall und Oxid und durch mit wachsender Oxidschichtdicke ansteigende Wachstumsspannungen im Oxid. Diese Fehlstellen ermöglichen zum Teil dem Sauerstoff den freien Zutritt zur Metalloberfläche und führen dazu, daß aufgrund der lokal fehlenden Oxidschicht das 1. Ficksche Gesetz nicht anwendbar ist. Man beobachtet hier meist ein lineares Oxidwachstum.

Unabhängig davon, ob das zeitabhängige Oxidwachstum nach parabolischem oder linearem Zeitgesetz abläuft, läßt sich die Temperaturabhängigkeit der Reak-

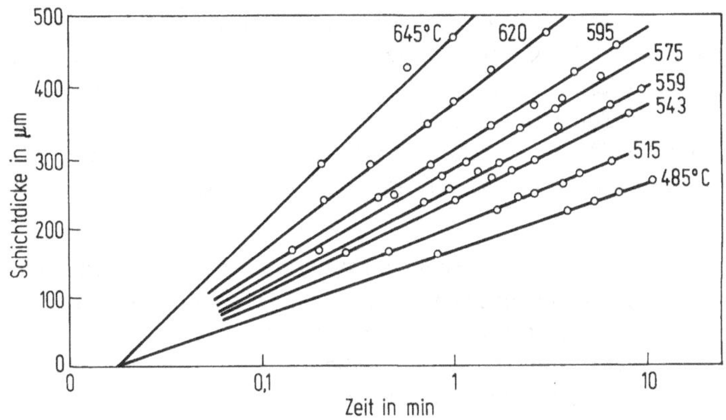

Abb. 14 Dicke der Anlaufschichten auf Nickel im Temperaturbereich von 485–645 °C [37].

tionsgeschwindigkeit mit der für viele Gas/Festkörper-Reaktionen gültigen *Arrhenius-Beziehung* nach Gl. (18) beschreiben:

$$k = A \cdot \exp(-\,Q/RT) \qquad (18)$$

In Gl. (18) ist k die Reaktionsgeschwindigkeitskonstante, Q die Aktivierungsenergie des Prozesses, A eine Konstante, R die allgemeine Gaskonstante und T die absolute Temperatur.

Der Einfluß von Legierungselementen auf die Oxidation von Nickel führt bei niedrigen Konzentrationen zu einer Modifizierung des Oxidgitters und bei höheren Konzentrationen zur Bildung von artfremden Oxidschichten und als Folge von Festkörperreaktionen mit dem arteigenen Oxid zu Mischoxiden wie z. B. Spinellen.

Auf den letzten Fall wird in den Abschnitten (3.2.1), (4.2.1), (5.2.1) und (6.2.1) näher eingegangen.

Ist die Konzentration dem Nickel zugesetzter Legierungselemente so klein, daß weiterhin das NiO-Gitter bestehen bleibt und sich bildende Fremdoxide nur eingelagert werden, so kann man prinzipiell von zwei Fällen ausgehen:

1) Ein höherwertiges Ion wird in das Nickelgitter eingebaut.
   Gl. (19) gibt die ablaufende Reaktion am Beispiel der dreiwertigen Chromionen wieder [47]

$$Cr_2O_3 \rightleftharpoons 2Cr_{Ni}^{+} + V_{Ni}^{2-} + 3O_0 \qquad (19)$$

   In Gl. (19) bedeutet Cr_{Ni}^{+} ein auf einem Nickelionenplatz befindliches Cr^{3+}-Ion, das *relativ* zum Gitter einfach positiv geladen ist. Man erkennt aus Gl. (19), daß die Einlagerung von Cr-Ionen mit einer Erhöhung der Kationenleerstellen verbunden ist, die eine erhöhte Oxidationsgeschwindigkeit bewirkt.

2) Ein niederwertiges Ion wird in das Nickelgitter eingebaut.
   In Gl. (20) wird der Einfluß anhand des einwertigen Lithiumions beschrieben [92]:

$$Li_2O + 1/2O_2 \rightleftharpoons 2Li_{Ni}^{-} + 2h^{+} + 2O_0 \qquad (20)$$

Li_{Ni}^{-} in Gl. (20) repräsentiert ein gegenüber dem Gitter einfach negativ geladenes Lithiumion auf einem Nickelionenplatz und h^+ ein gegenüber dem Gitter einfach positiv geladenes dreiwertiges Nickelion auf dem Platz eines zweiwertigen Nickelions. Durch die Schaffung zusätzlicher h^+-Defektelektronen wird in Defekthalbleitern die Leitfähigkeit erhöht und nach Gl. (14) die Konzentration an Kationenleerstellen vermindert, was mit einer Verbesserung der Oxidationsbeständigkeit verbunden ist [93].

Diese der *Wagnerschen Zundertheorie* entnommene Betrachtung des Einflusses von geringen Gehalten an Legierungselementen kann natürlich nur ein erster Ansatz zur Abschätzung des Einflusses von Legierungselementen auf das Oxidationsverhalten sein, da neben den rein stöchiometrischen Verhältnissen der Metalle im Oxid weitere Faktoren berücksichtigt werden müssen:

- Freie Bildungsenthalpie der Oxide der einzelnen Legierungskomponenten (z. B. Gefahr der selektiven Oxidation)
- Diffusionsgeschwindigkeit der einzelnen Legierungskomponenten im Metall und im Oxid (*Kirkendall-Effekt*)
- Festkörperreaktionen unter Bildung von Mischoxiden (z. B. NiO/Al_2O_3).
- Oxidreaktionen unter Bildung niedrigschmelzender Eutektika (z. B. MoO_2/MoO_3 mit T_s = 778 °C).
- Schmelzpunkt der Oxide (z. B. MoO_3 mit T_s = 795 °C).
- Dampfdruck der Oxide (z. B. V_2O_5 mit einem Dampfdruck von 133 Pa bei 979 °C).
- Bildung mehrerer Oxidschichten, entsprechend den Wertigkeiten des Metalls (z. B. FeO; Fe_3O_4; Fe_2O_3).
- Bevorzugtes Aufwachsen von Oxidgittern, die große Ähnlichkeit mit dem Metallgitter aufweisen (Epitaxie)
- Molvolumen des entstehenden Oxids (Gefahr beschränkter Löslichkeit, Induzierung von Gitterspannungen)
- Bevorzugte Diffusion entlang der Korngrenzen gegenüber der Volumendiffusion, wie sie die Zundertheorie berücksichtigt.

[33–37].

2.2.2 Verhalten in oxidierenden Gasen

Abb. 15 zeigt das isotherme Oxidationsverhalten von Nickel im Temperaturbereich von 600–900 °C bei einem Sauerstoffpartialdruck von $1{,}33 \cdot 10^4$ Pa. Man erkennt, daß eine nützliche Langzeit-Oxidationsbeständigkeit unter isothermen Bedingungen bis zu Temperaturen oberhalb von 750 °C gegeben ist. Unter thermisch-zyklischen Bedingungen sollten bei einem Langzeiteinsatz 750 °C nicht überschritten werden (Abb. 16). Bei höheren Temperaturen tritt zunächst ein starkes Oxidwachstum mit der damit verbundenen Massenzunahme auf, während nach längeren Prüfzeiten, bedingt durch die mit wachsender Oxidschichtdicke ansteigende Spannung im Oxid, vermehrt Oxidabplatzungen auftreten, die mit einer deutlichen Massenabnahme verbunden sind.

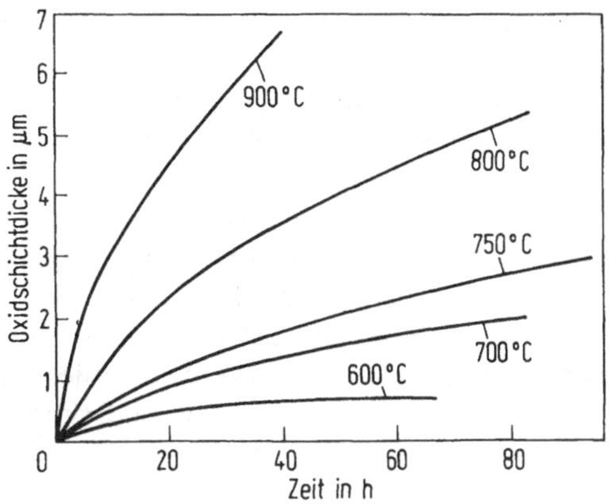

Abb. 15 Oxidation von Nickel bei 100 Torr Luftdruck in Abhängigkeit von der Temperatur [21].

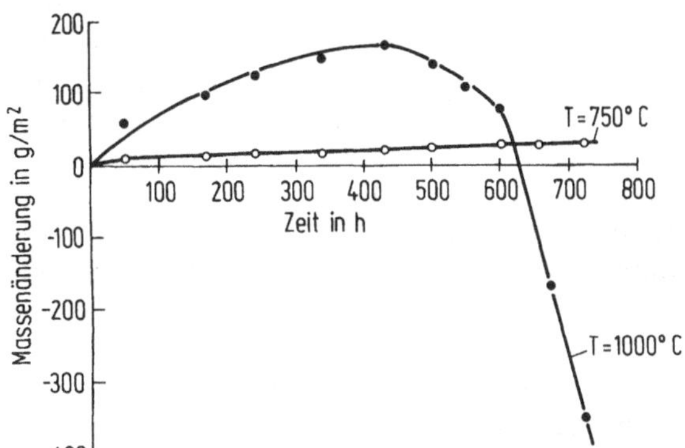

Abb. 16 Oxidationsverhalten von Nickel 201 bei zyklischer Beanspruchung in Luft. 24 h Zyklus bestehend aus 8 h Aufheiz- und Abkühlzeit und 16 h Haltezeit (eigene bisher unveröffentlichte Ergebnisse).

Zusätze von Seltenerdmetallen, Yttrium, Zirkonium und Hafnium führen zu einer Verbesserung der Oxidationsbeständigkeit von Nickel.

Wechsel zwischen oxidierenden und reduzierenden Atmosphären führen zu beschleunigtem Angriff durch fortgesetzte Bildung und Zerfall des Oxids. Dieser Mechanismus wurde bis herunter zu Temperaturen von 480 °C beobachtet.

In trockenem und feuchtem Dampf weist Nickel eine gute Beständigkeit bis zu Temperaturen von 427 °C auf [21].

2.2.3 Verhalten in aufkohlenden Gasen

Nickel bildet mit Kohlenstoff bei 1318 °C ein Eutektikum. Bei dieser Temperatur lösen sich 0,55% Kohlenstoff. Die Löslichkeit für Kohlenstoff im Nickel vermindert sich jedoch sehr stark mit fallender Temperatur, so sind z. B. bei 700 °C nur noch 0,08% Kohlenstoff löslich.

Da Nickel desweiteren keine bei höheren Temperaturen stabile Carbide bildet, ist die Kohlenstoffaufnahme von Nickel in aufkohlenden festen, flüssigen und gasförmigen Medien sehr gering.

Die Kohlenstoffgehalte von kommerziellen Nickel-Halbzeugen liegen meist bei 0,02% und darunter, wie z. B. Ni 201, um die sogenannte Graphitisierung, einer Graphitausscheidung bei langen Haltezeiten zwischen 315 °C und 650 °C zu vermeiden. Hierbei scheidet sich der durch schnelles Abkühlen z. B. aus der Walzhitze in Lösung gehaltene Kohlenstoff bei feinkörnigem Material im Korninnern und bei grobkörnigem Gefüge auf den Korngrenzen als Graphit aus und führt damit zu einer Reduzierung der Festigkeit und Duktilität [21, 33].

2.2.4 Verhalten in aufstickenden Gasen

Die Reaktionsträgheit des molekularen Stickstoffs hat zur Folge, daß im Bereich niedriger Temperaturen keine Gefahr der Aufstickung durch molekularen Stickstoff besteht. Bei höheren Temperaturen (> 1000 °C) nimmt die Reaktionsfreudigkeit des Stickstoffs durch die verstärkte Dissoziation des molekularen zu atomarem Stickstoff deutlich zu. Die Löslichkeit von Stickstoff in Nickel ist sehr gering, und die Ni-N-Verbindungen sind nicht sehr beständig, so zersetzt sich z. B. Ni_3N beim Erhitzen im Vakuum bereits bei 190 °C und in Stickstoffatmosphären bei 450 °C.

Obwohl Nickel keine stabilen Nitride bildet, kann es unter bestimmten Bedingungen zwischen 482 °C und 538 °C zu interkristallinem Angriff und zur Versprödung durch die Bildung von metastabilen Nitriden kommen.

In Ammoniakcrackanlagen weist Nickel bei Anwesenheit von molekularem Stickstoff und Wasserstoff eine gute Beständigkeit bis 538 °C auf. Während der eigentlichen Ammoniakcrackung zwischen 500 °C und 600 °C, bei der atomarer Stickstoff und Wasserstoff auftreten, erleidet Nickel starke Rißbildung.

In einem Ammoniakkonverter für die Oxidation von Ammoniak war dagegen bei Nickel selbst nach ca. 3½ Jahren Einsatzzeit bei Temperaturen zwischen 490 °C und 550 °C keine meßbare Korrosionsrate feststellbar [21, 33].

2.2.5 Verhalten in aufschwefelnden Gasen

Im Kontakt mit Schwefel und Schwefelverbindungen, wie z. B. Schwefelwasserstoff und -dioxid, werden, wenn die Löslichkeit für Schwefel im Gitter des Nickels überschritten ist (max. Löslichkeit ca. 0,005%), Nickelsulfide gebildet, die in aller Regel zu schweren Werkstoffschädigungen führen. Die Gründe hierfür sind:

- Aufbau von porösen, wenig schützenden Zunderschichten, da Nickelsulfide im Vergleich zum korrespondierenden Oxid ein deutlich erhöhtes Volumen haben und die hierdurch induzierten Spannungen zu starken Abplatzungen führen.
- Daß Nickelsulfid als Ni-Ni_3S_2-Eutektikum mit 635 °C einen deutlich niedrigeren Schmelzpunkt aufweist als korrespondierende Oxide oder Carbide, hierdurch

kommt es zu einem katastrophalen Korrosionsangriff durch die um Zehnerpotenzen gesteigerte Diffusionsgeschwindigkeit über die Flüssigphase.

- Nickelsulfide verschlechtern die Verarbeitbarkeit von Nickel durch reduzierte Festigkeit und Umformbarkeit.

Weil aus obengenannten Gründen Nickel nur eine beschränkte Beständigkeit in Schwefel und schwefelhaltigen Verbindungen aufweist, sollte die maximale Einsatztemperatur von Nickel in reduzierend sulfidierenden Medien (H_2S) 320 °C und in oxidierend sulfidierenden Medien (SO_2) 370 °C nicht überschreiten [21, 33].

2.2.6 Verhalten in halogenierenden Gasen

Nickel weist eine gute Beständigkeit in den meisten halogenierenden Gasen auf, da die sich auf der Werkstoffoberfläche bildenden Nickelhalogenide, verglichen mit den meisten anderen Metallhalogeniden, recht hohe Schmelzpunkte und relativ niedrige Dampfdrücke aufweisen.

Die in der Literatur häufig zu findende maximale Einsatztemperatur von 500 – 550 °C von Nickel in Chlor kann jedoch nicht pauschal als gültig angesehen werden, vielmehr muß zwischen chlorierend/oxidierenden und chlorierend/reduzierenden Bedingungen differenziert werden. So haben zyklische Langzeituntersuchungen bis 1000 h Prüfzeit unter reduzierend/chlorierenden Bedingungen in H_2 mit 10% HCl ergeben, daß Reinnickel (alloy 201) unter diesen Bedingungen bis 850 °C beständig ist. Als Kriterium hierfür wurde die Massenänderung und die metallografisch ermittelte Penetrationstiefe herangezogen (Abb. 17) [21].

Unter oxidierend/chlorierenden Bedingungen hat die maximale Einsatztemperatur von 550 °C sicherlich Bestand, obwohl zu erwarten ist, daß auch hier Abhängigkeiten vom jeweiligen Sauerstoffpartialdruck vorhanden sind.

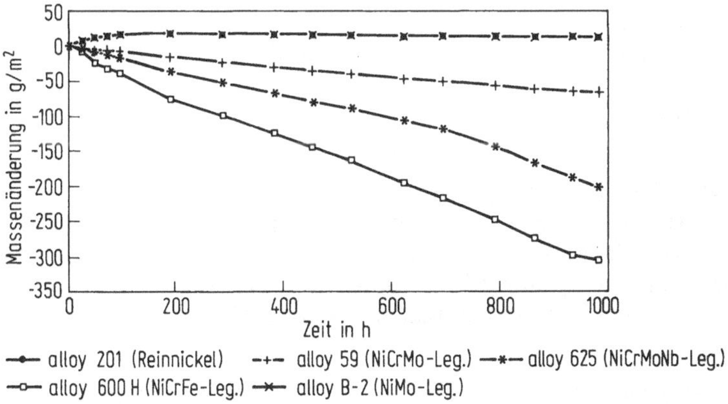

Abb. 17 Chlorierungsverhalten verschiedener Nickelbasislegierungen bei zyklischer Beanspruchung in H_2 + 10% HCl bei 850 °C.
24 h Zyklus, bestehend aus 8 h Aufheiz- und Abkühlzeit und 16 h Haltezeit (eigene bisher unveröffentlichte Ergebnisse).

Die Beständigkeit von Nickel in Fluor und Fluorwasserstoff wird in der Literatur bis zu 600 °C als gut beurteilt, wobei in HF niedrigere Korrosionsraten erreicht werden als in Fluor [21].

Im Vergleich zu den reduzierend/chlorierenden Korrosionsbedingungen ist hier ein gewisser Widerspruch zu finden, da aus der betrieblichen Praxis bekannt ist, daß Nickel unter fluorierenden Bedingungen beständiger ist als unter chlorierenden, die maximale Einsatztemperatur aber ca. 250 °C tiefer liegt. Dieser scheinbare Widerspruch beruht aller Wahrscheinlichkeit nach darauf, daß die vorliegenden Ergebnisse der Fluorierungsversuche ausschließlich auf extrapolierten Kurzzeitversuchen von teilweise nur 4–6 h Dauer basieren. Nickel zeigt in fluorierenden Medien nach kurzen Auslagerungszeiten zwar eine deutliche Massenzunahme, die in der Bildung eines schützenden Nickelfluoridfilms auf der Oberfläche begründet ist, nach längeren Zeiten jedoch geht die Massenzunahme aufgrund der Schutzwirkung des Nickelfluoridfilms zurück, so daß Extrapolationen von Kurzzeitauslagerungen zwangsläufig zu höheren Korrosionsraten oder tieferen maximalen Einsatztemperaturen führen müssen.

Für die anderen, in der Praxis weniger häufig vorkommenden Halogenide, kann vereinfachend gesagt werden, daß die Beständigkeit von Nickel in Fluor oder Fluorverbindungen am besten ist und von Chlor über Brom nach Jod, aufgrund fallender Schmelzpunkte und ansteigender Dampfdrücke der jeweiligen Halogenide, abfällt [21].

2.3 Typische Anwendungsbeispiele

Nickel wird aufgrund seiner in den Abschnitten (2.1–2.2) geschilderten Beständigkeit vor allem gegenüber Alkalien und gas- bzw. dampfförmigen Halogeniden in folgenden Bereichen eingesetzt:

1) Chemische Industrie
   - Produktion, Lagerung und Transport von Ätzalkalien
   - Produktion von Seifen
   - Phenolproduktion
   - Salzverdampfer

2) Petrochemische Industrie
   - Chlorierungs- und Oxychlorierungsprozesse
   - Produktion Phenol-haltiger Harze
   - Produktion von synthetischem Gummi und Kunststoffen
   - Produktion von chlorierten Kohlenwasserstoffen

3) Energietechnik
   - Fluorierungsprozesse
   - Heißdampfleitungen und Kondensatoren
   - Kessel für die Speisewasservorwärmung

4) Textil- und Papiererzeugung
   - Herstellung von Kunstseide

5) Nahrungsmittelindustrie
   - Alle Prozesse, bei denen Kontaminationsfreiheit gewährleistet sein muß
   - Produktion von organischen Verbindungen und Säuren

6) Sonstige
   - Produktion von Reinchemikalien
   - Brillengestelle
   - Widerstandswerkstoffe

3 Nickel-Kupfer-Legierungen

3.1 Verhalten in wässrigen Lösungen und Salzen

3.1.1 Elektrochemisches Verhalten

Abb. 18 zeigt, daß durch das Zulegieren von Kupfer zu Nickel die Stromdichte im Passivbereich erheblich ansteigt. Der Aktivbereich verschiebt sich zu edleren Potentialen und die Aktivstromdichte nimmt zu. Bei Unterschreitung von ca. 50% Nickel in der Legierung verschwindet der Passivbereich. Volle Passivität wird erst wieder bei Nickelgehalten von ungefähr 70% erreicht [20].

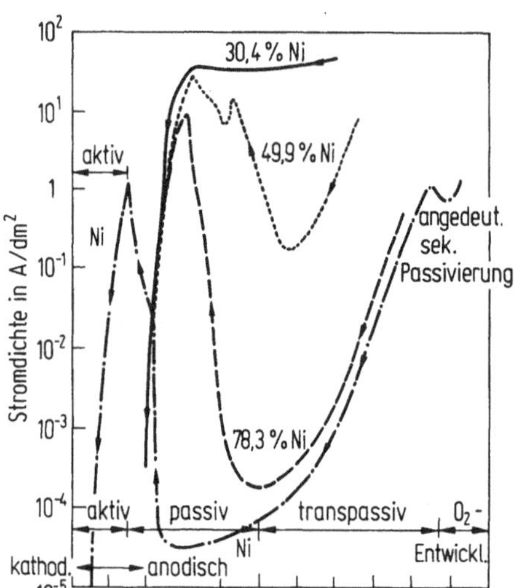

Abb. 18 Potentiostatisch in 1 n H_2SO_4 bei 25 °C gemessene anodische Polarisationskurven von Nickel und verschiedenen Nickel-Kupfer-Legierungen [20].

Die Verschiebung des Aktivbereiches zu edleren Potentialen wird auf die abnehmende Affinität gegenüber (OH)-Ionen mit steigendem Kupfergehalt in der Legierung zurückgeführt. Dies bedeutet allerdings auch, daß höhere Potentiale erforderlich sind, um diese Ionen zu entladen und damit den Passivfilm aufzubauen.

Die mit ca. 2,5% Aluminium aushärtbare Legierung K-500 zeigt einen deutlich stärker ausgeprägten Passivbereich, was auf die Funktion des Aluminiums als guter

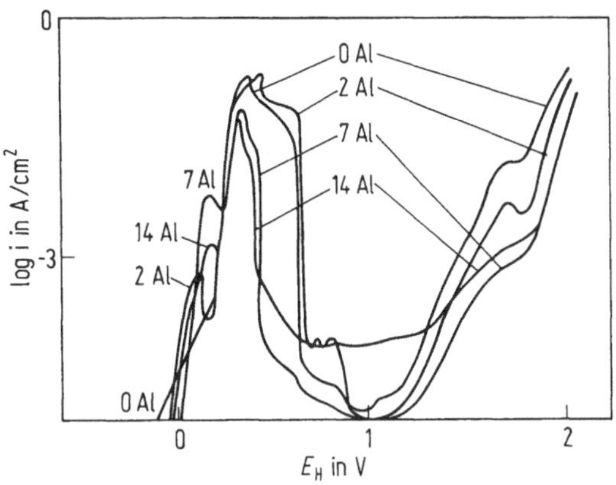

Abb. 19 Anodisches Verhalten von Nickel-Aluminium-Legierungen in 0,5 molarer H_2SO_4 bei 22 °C, mit H_2 entlüftet (die Potentialänderungsgeschwindigkeit betrug im Aktivbereich 3–7 mV/min. und im Passivbereich ca. 13 mV/min.) [19].

Oxidschichtbildner zurückzuführen ist. So haben z. B. Polarisationsmessungen in unbelüfteter 0,5molarer Schwefelsäure gezeigt, daß durch einen Aluminiumzusatz von 7% zu Nickel der Passivbereich deutlich erweitert und die Passivstromdichte abgesenkt wird (Abb. 19) [19].

3.1.2 Verhalten in Süßwasser

Nickel-Kupfer-Legierungen weisen eine gute Korrosionsbeständigkeit in Süßwasser auf. Die Korrosionsrate liegt meist unter 0,002 mm/a, selbst bei erhöhter Temperatur, hoher Strömungsgeschwindigkeit und starker Belüftung.

Stark verunreinigte Flußwässer allerdings können die Korrosionsrate deutlich erhöhen.

In sauerstofffreien Wässern für die Kesselspeisewasservorwärmung wurden Nickel-Kupfer-Legierungen aufgrund ihrer Beständigkeit ebenso eingesetzt, wie in hochreinen, entmineralisierten, sauerstofffreien, pH-neutralen oder pH-kontrollierten Wässern im Primärkreislauf von Druckwasserreaktoren. Die bessere Korrosionsbeständigkeit von Nickel-Chrom-Legierungen und deren höhere Festigkeit haben jedoch gerade bei drucktragenden Behältern und Rohrleitungssystemen zu einer Ablösung der Nickel-Kupfer-Legierungen geführt [20, 38].

3.1.3 Verhalten in Meerwasser

Nickel-Kupfer-Legierungen finden einen weit verbreiteten Einsatz in strömendem Meerwasser, bei gleichzeitiger Beaufschlagung mit Partikeln hoher Geschwindigkeit und Kavitation, da die Korrosionsraten hier normalerweise 0,125 mm/a nicht überschreiten. Abb. 20 weist die geringste Korrosionsgeschwindigkeit in strömendem

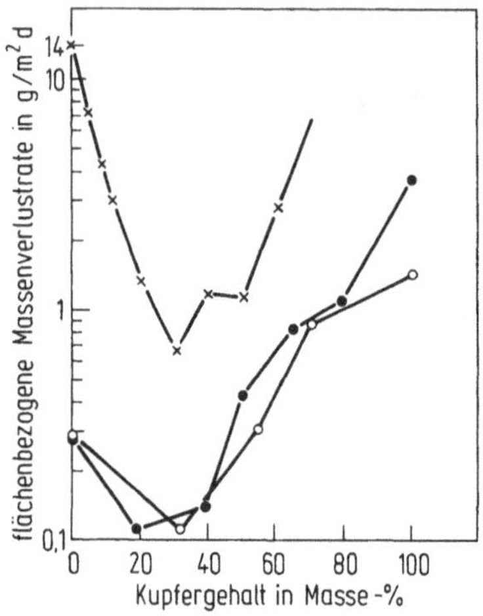

Abb. 20 Einfluß von Kupfer auf die Korrosion von Nickel-Kupfer-Legierungen [38].

– ● – belüftete 4%ige NaCl, 25 °C, 3 Tage

– ○ – fließendes Seewasser, Geschwindigkeit 0,45 – 0,90 m/s, 427 Tage

– × – 80% HF, 0,5 – 1,0% H_2O, 4% Teer, org. Polymere, unbelüftet, 130 – 145 °C, Druck 0,77 – 1,0 N/mm^2, 102 Tage, betrieblicher Auslagerungstest.

Meerwasser bei einem Kupferzusatz von 30% aus. Ebenso wie Nickel verhalten sich Nickel-Kupfer-Legierungen unter Stillstandsbedingungen weniger gut, da unter diesen Bedingungen einsetzender Bewuchs mit Meerwasserorganismen zur Lokalelementbildung mit nachfolgender Lochkorrosion führen kann. Aber selbst unter diesen Bedingungen werden in der Regel Angriffstiefen von 0,75 mm nach mehreren Jahren nicht überschritten [38].

3.1.4 Verhalten in alkalischen Lösungen

Die Beständigkeit von Nickel-Kupfer-Legierungen in Natronlauge ist vom Kupfergehalt der Legierung abhängig.

Nach Abb. 21 führen steigende Kupfergehalte in Nickel zu steigenden Korrosionsraten. So ist z. B. der Einsatz von NiCu30Fe auf NaOH-Konzentrationen bis zu 75% und Temperaturen von 135 °C beschränkt. Die Korrosionsraten übersteigen hier in der Regel nicht 0,01 mm/a. Eine Temperaturerhöhung auf 149 – 260 °C und NaOH-Konzentration von 60 – 100% führte nach Laborversuchen über 90 Tage zu einer Korrosionsgeschwindigkeit von 0,33 mm/a.

Ebenso wie für Nickel besteht bei Nickel-Kupfer-Legierungen die Gefahr der spannungsinduzierten interkristallinen Rißbildung in heißen NaOH-Lösungen mit Konzentrationen über 50%. Aus diesem Grund sollte z. B. der Werkstoff NiCu30Fe unter solchen Bedingungen nur im spannungsarm geglühten Zustand eingesetzt werden.

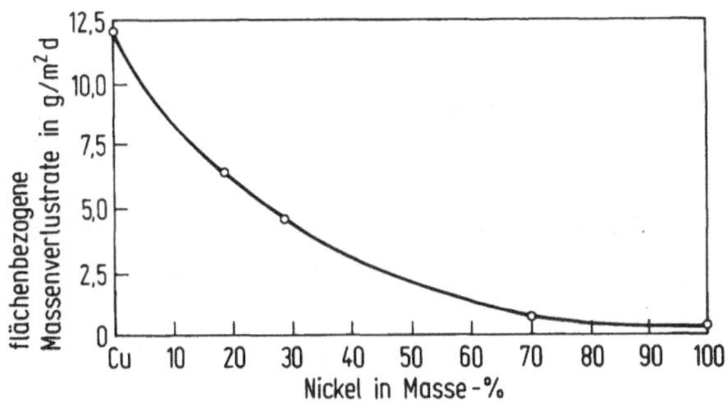

Abb. 21 Korrosionsgeschwindigkeit von Kupfer-Nickel-Legierungen in einem Verdampfer für 50%-iges NaOH [20].

Tab. 5 Korrosion von Nickel und NiCu30Fe in Lösungen neutraler und alkalischer Salze [21].

Korrosionsmedium	Einsatzbedingungen (Konzentration des Salzes in Massen-%)	Korrosionsrate in mm/a	
		Nickel 200	alloy 400
Calciumchlorid	Im Eindampfer konzentrierter Lösungen bis zu 35% bei 160 °C für 225 Tage	0,0075	0,0075
Lithiumchlorid	Im Eindampfer konzentrierter Lösungen bis zu 30% bei 116 °C für 40 Tage	0,0125	0,0125
Kaliumchlorid	In 32%iger Lösung mit 0,2% KOH im Vorratstank bei 60 °C für 183 Tage	0,0033	n. g.
Natriumchlorid	In mit Dampf und Luft bei 93 °C gemischter gesättigter Lösung	0,0525	0,065
Natriummetasilikat	Im Eindampfer konzentrierter Lösungen bis zu 50% bei 110 °C für 42 Tage	0,0005	0,0008
Natriumsulfat	In konzentrierter Lösung bei 77 °C, pH 9–10, in einem Schlammtank für 48 Tage	0,020	n. g.
Natriumhydrosulfid	In 45%iger Lösung in einem Vorratstank bei 50 °C für 367 Tage	0,015	0,010
Natriumnitrat	In 27%iger Lösung bei 50 °C für 136 Stunden	n. g.	0,005

n. g. = nicht geprüft

Über den Einfluß von Verunreinigungen der Natronlauge, wie z. B. oxidierbaren Schwefelverbindungen oder oxidierend wirkenden Zusätzen wie Natriumperoxid und Chloraten, auf die Korrosionsbeständigkeit von Nickel-Kupfer-Legierungen ist nichts bekannt. Es ist jedoch zu vermuten, daß sie einen ähnlich schädigenden Einfluß ausüben wie bei Nickel.

Das Verhalten von Nickel-Kupfer-Legierungen in Pottasche entspricht dem Verhalten in Natronlauge bei gleicher Temperatur und Konzentration.

NiCu30Fe ist beständig in Ammoniumhydroxid und bis zu einer Konzentration von 2,7% NH_3 im Ammoniumhydroxid bei Raumtemperatur einsetzbar [20, 38].

3.1.5 Verhalten in neutralen und alkalischen Salzen

Neutrale und alkalische Salze wie Chloride, Carbonate, Sulfate, Nitrate und Acetate beeinflussen Nickel-Kupfer-Legierungen ebenso wenig wie Nickel. Auch in heißen, konzentrierten Lösungen übersteigt die Korrosionsrate selten 0,125 mm/a. Tabelle 5 gibt die Korrosionsbeständigkeit von NiCu30Fe in verschiedenen neutralen und alkalischen Salzen im Vergleich zu Nickel an [21].

3.1.6 Verhalten in oxidierend wirkenden Lösungen und Säuren

Ebenso wie Nickel werden Nickel-Kupfer-Legierungen in oxidierend wirkenden Säuren wie Salpeter-, salpetriger Säure und Chromsäure bei allen Temperaturen sehr stark angegriffen [38].

Zur Wirkungsweise oxidierender Zusätze siehe 3.1.7.

3.1.7 Verhalten in nicht oxidierend wirkenden Lösungen und Säuren

In luftfreier Schwefelsäure bei Raumtemperatur liegt die Korrosionsrate von NiCu30Fe bis zu Säurekonzentrationen von ca. 85% unter 0,15 mm/a. In luftgesättigten Lösungen bei Raumtemperatur erreicht die Korrosionsrate bei niedrigen Säurekonzentrationen den vierfachen Wert. Ansteigende Säurekonzentrationen verringern den Einfluß der Belüftung. Bei höheren Temperaturen wird der korrosionsverschlechternde Einfluß der Sauerstoffsättigung noch signifikanter und kann teilweise die Korrosionsrate verachtfachen (Abb. 22).

Der Einfluß des Sauerstoffgehaltes in der Lösung wird mit zunehmender Schwefelsäurekonzentration geringer. Dies ist bei Raumtemperatur bei ca. 85%-iger und bei 60 °C bei ca. 60%-iger Säure der Fall. Gleiches gilt für den Dampfpunkt, da durch die starke Kochbewegung der Säure der in ihr verbliebene Sauerstoff ausgespült wird.

Ansonsten wird die Korrosionsbeständigkeit in Schwefelsäure durch die sich mit der Säurekonzentration ändernde Wasserstoffionenkonzentration und Sauerstofflöslichkeit in der Säure beeinflußt. Die Wasserstoffionenkonzentration nimmt bei Raumtemperatur mit steigender Säurekonzentration (bis zu ca. 25%) zu, um mit

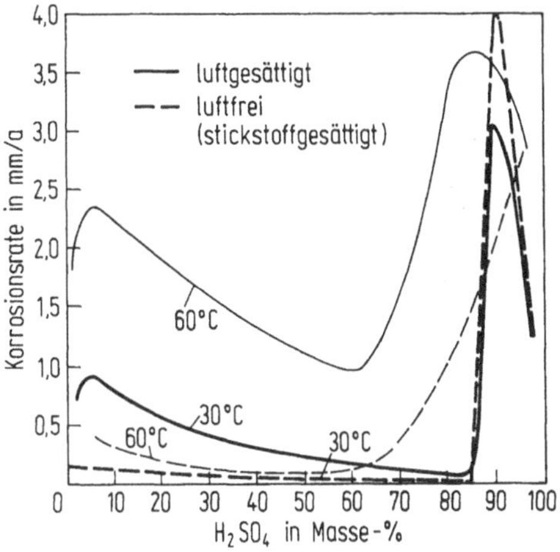

Abb. 22 Korrosion von NiCu30Fe (alloy 400) in H_2SO_4 bei 30 °C und 60 °C, Geschwindigkeit 5,2 m/min. [38].

weiter ansteigender Konzentration wieder auf den Ausgangswert abzufallen. Die Sauerstofflöslichkeit dagegen nimmt bei Raumtemperatur stetig bis zu einer Säurekonzentration von ca. 80% ab und steigt bei höheren Konzentrationen fast wieder auf das Anfangsniveau an. Durch die Überlagerung dieser beiden gegenläufigen Vorgänge und durch die Sauerstoffverarmung in siedender Säure sind die beiden Korrosionsmaxima bei 5%-iger und 85%-iger Säurekonzentration bei Raumtemperatur zu erklären.

Abb. 23 zeigt im Temperatur-Konzentrations-Schaubild das Einsatzgebiet von NiCu30Fe in Schwefelsäure. Hiernach kann die Legierung in luftfreier Schwefelsäure bis zu 50% bei 60 °C und in siedender Säure bis zu etwa 10% verwendet werden. Zusätze von oxidierenden Salzen wie Chromaten, Dichromaten, Nitraten, Nitriden und Peroxiden erhöhen die korrosive Wirkung der Schwefelsäure gegenüber NiCu30Fe. Eisen- und Kupfersalze steigern ebenso die Korrosionsrate, während Eisen- und Kupfersulfate in der Regel nur in belüfteter Schwefelsäure zu erhöhten Korrosionsraten führen.

Die ausscheidungshärtbare NiCu30Al-Legierung K-500 ist der Legierung NiCu30Fe in siedender Säure im Konzentrationsbereich von 10–40% H_2SO_4 überlegen. Der Grund hierfür dürfte in der bereits beschriebenen Absenkung der Passivstromdichte, der Erweiterung des Passivbereiches und der Verschiebung des Aktivbereiches zu edleren Potentialen durch Aluminium zu suchen sein [23, 24, 38, 39].

In Salzsäure werden Nickel-Kupfer-Legierungen nur in unbelüfteten Lösungen bis 15% HCl und bei Raumtemperatur eingesetzt. Bei Temperaturen bis zu 70 °C sollte eine HCl-Konzentration von 5% nicht überschritten werden. In Abb. 24 ist der Einfluß der Belüftung auf die Korrosionsbeständigkeit von Nickel-Kupfer-Legierungen in 0–30%-iger HCl bei Raumtemperatur dargestellt. Man erkennt, daß der korrosionsverschlechternde Einfluß der Belüftung über den gesamten untersuchten Konzentrationsbereich in fast gleichem Maße erhalten bleibt. Gegenüber

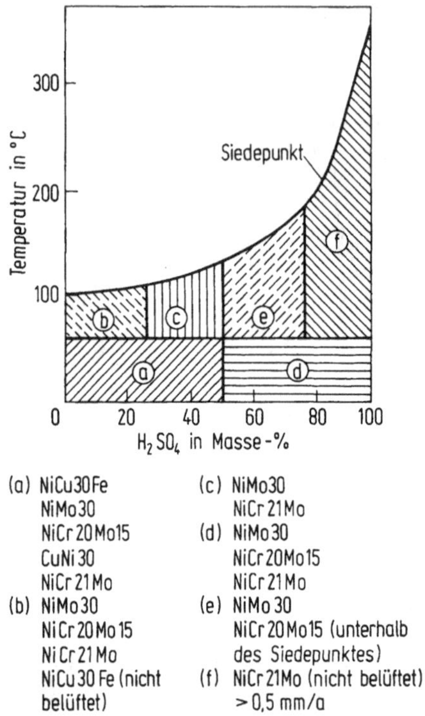

Abb. 23 Anwendungsbereiche von Nickelbasislegierungen in Schwefelsäure [39].

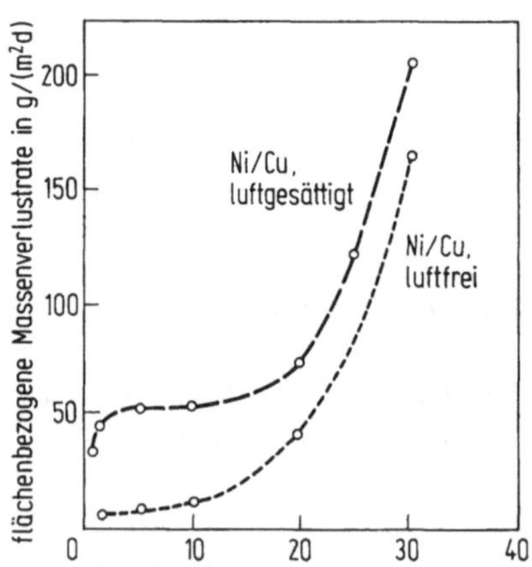

Abb. 24 Abtragungsraten von NiCu30Fe (alloy 400) in luftfreier und luftgesättigter Salzsäure unterschiedlicher Konzentrationen bei 30 °C und Bewegung (4,8 bzw. 6,6 m/min.) [40].

Nickel weisen Nickel-Kupfer-Legierungen nur Vorteile in stark verdünnten Säuren bei erhöhten Temperaturen bis hin zum Siedepunkt auf. Abb. 9 zeigt dies beispielhaft für eine 5%-ige HCl von Raumtemperatur bis 90 °C.

Oxidierende Salze in der Säure wie Eisen- und Kupfersalze, Chromate, Dichromate, Nitrate und Peroxide erhöhen die Korrosionsrate von Nickel-Kupfer-Legierungen beträchtlich [25–28, 38, 40].

Nickel-Kupfer-Legierungen weisen eine gute Beständigkeit in Flußsäure auf. In unbelüfteten Säuren ist NiCu30Fe über den gesamten Konzentrationsbereich der Säure bis zum Siedepunkt einsetzbar. Im Konzentrationsbereich von 35%–75% HF im Bereich der Dampfkurve werden die höchsten Korrosionsraten von < 0,50 mm/a beobachtet. In allen anderen Temperatur-Konzentrations-Bereichen liegt die Korrosionsrate z. T. deutlich unter 0,125 mm/a. Im belüfteten Zustand steigt die Korrosionsrate von NiCu30Fe so stark an, daß die Legierung nur noch bis zu 20%-iger HF bis zum Siedepunkt eingesetzt werden kann. Höhere Säurekonzentrationen beschränken hier den Einsatz des Werkstoffes auf Raumtemperatur.

Bei NiCu30Fe wurde in Flußsäure Spannungsrißkorrosion beobachtet, wenn die untersuchten Proben nur teilweise in die Säure eingetaucht waren oder sich im Dampfraum oberhalb der flüssigen Phase befanden.

Ebenfalls nur bei Luftanwesenheit wird die sogenannte Entnickelung beobachtet, die auf eine bevorzugte Auflösung des elektrochemisch unedleren Nickels in Flußsäure zurückzuführen ist [20, 29, 38].

Nickel-Kupfer-Legierungen können in bis zu 25%-iger unbelüfteter Phosphorsäure bis zum Dampfpunkt eingesetzt werden. Bei höheren Säurekonzentrationen sollte die Säuretemperatur ca. 80 °C nicht überschreiten (Abb. 25). Es ist zu erwarten, daß ein hoher Grad an Belüftung, gerade bei erhöhten Temperaturen, zu einer Erhöhung der Korrosionsrate führt. Metallsalze wirken ebenfalls korrosionsfördernd [30–32, 41].

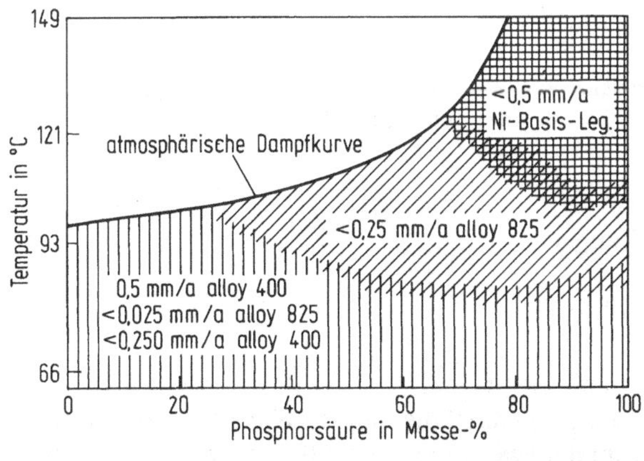

Abb. 25 Beständigkeit von Nickelbasislegierungen in Phosphorsäure unterschiedlicher Konzentration in Abhängigkeit von der Temperatur [41].

3.1.8 Verhalten in organischen Lösungen und Säuren

Nickel-Kupfer-Legierungen weisen in unbelüfteten organischen Säuren wie Malein-, Zitronen-, Ameisen-, Oxal-, Essig- und Milchsäure bei Raumtemperatur eine gute Beständigkeit auf.

In Essigsäure kann NiCu30Fe bis zu Temperaturen von 60 °C eingesetzt werden (Abb. 26). Gleiches gilt für die Malein-, Oxal- und Zitronensäure. In 30%-iger Ameisensäure jedoch wird bei 60 °C bereits eine Korrosionsrate von fast 0,6 mm/a erreicht. Eine Belüftung der Säuren führt zu einer teilweise rapide ansteigenden Korrosionsrate. So weist z. B. NiCu30Fe in einer belüfteten 20%-igen Ameisensäure bei 70 °C eine Korrosionsrate von ca. 1,3 mm/a auf [38, 39].

Ebenso wie bei Edelstählen nimmt die Aggressivität der Säuren in der Reihenfolge Ameisen-, Essig- und Zitronensäure ab [38].

In Fettsäuren wie Stearin- und Oleinsäure weist NiCu30Fe eine ausgezeichnete Beständigkeit, sogar bei Temperaturen bis zu 260 °C, auf [38].

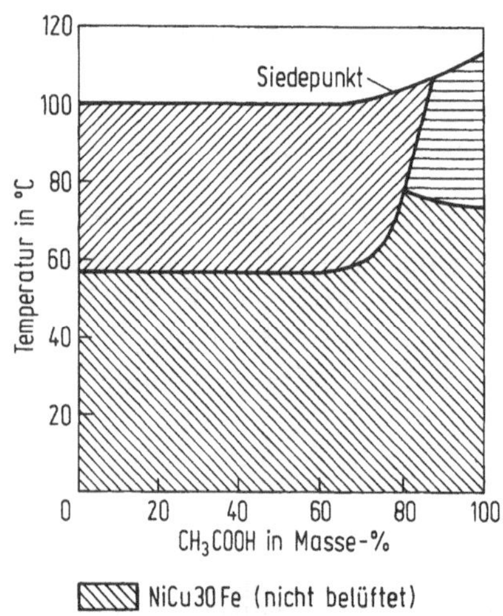

Abb. 26 Anwendungsbereiche von NiCu30Fe (*alloy 400*) in Essigsäure unterschiedlicher Konzentration in Abhängigkeit von der Temperatur [39].

3.2 Verhalten in Gasen

3.2.1 Grundlagen der Oxidation

Obwohl Nickel und Kupfer eine lückenlose Mischkristallreihe bilden, besitzen ihre Oxide nur eine sehr geringe Löslichkeit ineinander. Nach Berechnungen von Wagner bildet sich in Nickel-Kupfer-Legierungen erst ab 75% Nickel ausschließlich NiO aus. Die Oxidation verläuft parabolisch. Niedrigere Nickelgehalte führen zu einem schichtenförmigen Oxidaufbau. Dabei enthält zunächst die äußere Schicht geringe

Anteile von CuO und Cu_2O, während die innere Schicht ausschließlich aus NiO besteht. Mit fortschreitender Oxidation verarmt die Metalloberfläche durch die bevorzugte Oxidation von Nickel und reichert sich damit zwangsläufigerweise an Kupfer an, so daß nun die Bildung von CuO und Cu_2O bevorzugt abläuft. Es bildet sich eine dünne Schicht aus Kupferoxiden, die solange wächst, bis der kritische Nickelgehalt für die NiO-Bildung erreicht ist. Auch die Oxidationskinetik für Nickel-Kupfer-Legierungen mit weniger als 75% Nickel läßt sich mit guter Genauigkeit als parabolisch beschreiben.

Das Kupferoxid Cu_2O ist ebenso wie das Nickeloxid ein Defekthalbleiter, weshalb seine Wachstumsgeschwindigkeit in hohem Maße vom herrschenden Sauerstoffpartialdruck abhängig ist. Es bildet sich bei Temperaturen oberhalb von 375 °C nach Gl. (21):

$$4Cu + O_2 \rightleftharpoons 2Cu_2O \tag{21}$$

Beim Unterschreiten von 375 °C reagiert Cu_2O nach Gl. (22) zu zweiwertigem Kupferoxid:

$$Cu_2O \rightleftharpoons CuO + Cu \tag{22}$$

Unterschreitet der Nickelgehalt in Nickel-Kupfer-Legierungen 30%, so besteht das Oxid hauptsächlich aus Cu_2O bzw. CuO mit fein verteilten NiO-Partikeln an der Phasengrenze Metall/Oxid. Der Oxidationsablauf ist parabolisch und die Oxidationsraten nähern sich sehr stark denjenigen des Kupfers an.

Abb. 27 zeigt die Abhängigkeit der Oxidationsbeständigkeit von Nickel in Luft in Abhängigkeit vom Kupfergehalt der Legierung. Man erkennt ab ca. 30–40% Kupferzusatz im Nickel einen deutlichen Anstieg der Oxidationsrate, der nach Pilling und Bedworth [94] auf beginnende Kupferoxidbildung zurückzuführen ist. Ab 70% Kupfer im Nickel werden die Oxidationsraten des reinen Kupfers erreicht, d. h. ab dieser Konzentration ist, wie bereits erwähnt, nur mit Kupferoxid zu rechnen.

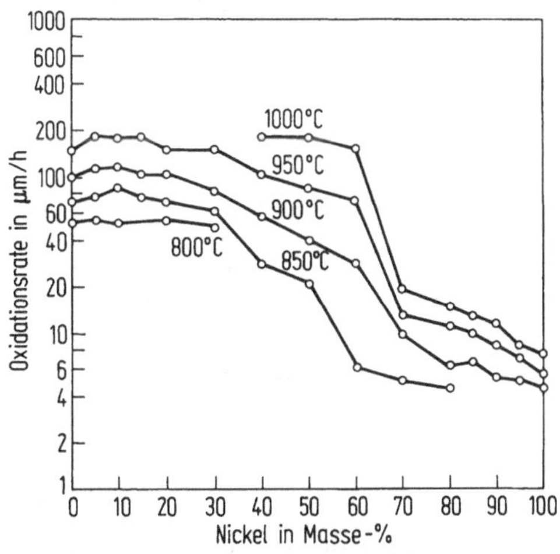

Abb. 27 Oxidationsraten von Nickel-Kupfer-Legierungen in Luft [38].

Nach Hickman und Gulbransen [95] sind die Existenzbereiche der einzelnen Oxide auch temperaturabhängig. So beobachteten sie über einen Konzentrationsbereich von 10–100% Kupfer bei Temperaturen bis ca. 500 °C ausschließlich Cu_2O bzw. Cu_2O und CuO, während NiO erst oberhalb von 500–800 °C gebildet wurde. Die Temperatur, bei der ausschließlich NiO-Bildung einsetzt, liegt um so niedriger je höher der Nickelgehalt der Legierung ist.

Obwohl also NiO thermodynamisch stabiler als Cu_2O ist, sind höhere Nickelgehalte und höhere Temperaturen im Vergleich zum Kupfer in Nickel-Kupfer-Legierungen erforderlich, um ausschließlich NiO zu bilden. Der Grund hierfür dürfte in der wesentlich geringeren Diffusionsgeschwindigkeit des Nickels im Kupfer im Vergleich zur Diffusionsgeschwindigkeit des Kupfers im Nickel liegen. So beträgt die Diffusionskonstante von Nickel in Kupfer $6{,}5 \cdot 10^{-5}\ cm^2/s$, während die von Kupfer in Nickel bei $1 \cdot 10^{-3}\ cm^2/s$ liegt, bei annähernd gleich großen Aktivierungsenergien. Die höhere Diffusionsgeschwindigkeit des Kupfers ermöglicht somit natürlich einen schnelleren Diffusionsausgleich von durch die Oxidation verbrauchten Kupferionen, so daß die bei einer bestimmten Temperatur zur Aufrechterhaltung des Kupferoxids nötige Kupferkonzentration über einen längeren Zeitraum und bei tieferen Temperaturen aufrechterhalten werden kann.

Die im Vergleich zu Nickel bei Kupfer festgestellten höheren Oxidationsraten sind auf die höhere Diffusionsgeschwindigkeit des Kupfers im Kupferoxid, im Vergleich zu der des Nickels im Nickeloxid, zurückzuführen. Hierdurch kommt es zu einem deutlich schnelleren Oxidwachstum auf der kupferreichen Seite des Kupfer-Nickel-Mischkristallsystems [33–38].

3.2.2 Verhalten in oxidierenden Gasen

Wie bereits im Abschnitt (3.2.1) beschrieben, nimmt die Beständigkeit von Nickel in oxidierenden Gasen mit zunehmendem Kupfergehalt ab. Während bei Nickel bei 750 °C noch eine befriedigende Langzeitbeständigkeit erreicht wird, zeigten

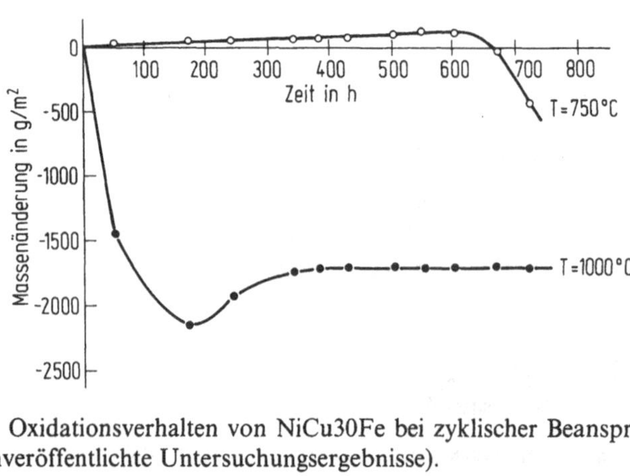

Abb. 28 Oxidationsverhalten von NiCu30Fe bei zyklischer Beanspruchung in Luft (eigene bisher unveröffentlichte Untersuchungsergebnisse).

Langzeit-Oxidationsuntersuchungen an NiCu30Fe in Luft bei 750 °C zwischen 600 und 700 h das Auftreten der sog. *break away corrosion*. Dieser Korrosionsvorgang entspricht einem linearen Zeitgesetz folgenden Massenverlust (Abb. 28). In Luft sollte deshalb eine obere Einsatztemperatur von ungefähr 600 °C aus Gründen einer befriedigenden Langzeitstabilität nicht überschritten werden. NiCu30Fe zeigt eine gute Korrosionsbeständigkeit in Dampf mit hohen Geschwindigkeiten. Die maximalen Einsatztemperaturen liegen hier bei ca. 485 °C.

Vorsicht ist jedoch bei Temperaturen oberhalb von 455 °C geboten, da hier mit interkristalliner Versprödung des Werkstoffes gerechnet werden muß [38].

3.2.3 Verhalten in aufkohlenden Gasen

Nickel-Kupfer-Legierungen mit 30% Kupfer und mehr sind nicht anfällig für die bei Nickel beobachtete *Graphitisierung*. Über die Beständigkeit von Nickel-Kupfer-Legierungen in aufkohlenden Gasgemischen ist bisher wenig bekannt. Es ist jedoch zu vermuten, daß z. B. NiCu30Fe aufgrund fehlender Carbidbildner und geringer Kohlenstofflöslichkeit ein ähnliches Verhalten zeigt wie Nickel [20, 38].

3.2.4 Verhalten in aufstickenden Gasen

NiCu30Fe zeigt aufgrund seines hohen Nickelgehaltes eine gute Beständigkeit in den meisten nitrierenden Medien wie z. B. Ammoniak und gecracktem Ammoniak bis zu Temperaturen von ungefähr 585 °C [38].

3.2.5 Verhalten in aufschwefelnden Gasen

NiCu30Fe verhält sich in geschmolzenem Schwefel ebenso wie Nickel, es werden bei ca. 300 °C bereits Korrosionsraten von 1 mm/a erreicht.

Es tritt interkristalline Versprödung oberhalb von ca. 320 °C unter reduzierenden Bedingungen (flüssiger und dampfförmiger Schwefel, H_2S) und oberhalb von ungefähr 370 °C in oxidierenden Medien (SO_2) auf.

Diese Temperaturen sollten, um befriedigendes Korrosionsverhalten zu gewährleisten, nicht überschritten werden [20, 38].

3.2.6 Verhalten in halogenierenden Gasen

Ebenso wie Nickel liegen für Nickel-Kupfer-Legierungen leider keine Langzeitwerte vor, so daß zu vermuten ist, daß die hier genannten oberen Einsatztemperaturgrenzen etwas zu tief ausfallen. Dennoch kann gesagt werden, daß die Beständigkeit von NiCu30Fe in gasförmigem Chlor oder Chlorwasserstoff geringer ist als die von Nickel. NiCu30Fe wird in Chlorwasserstoff stärker angegriffen als in Chlor.

Die obere Einsatztemperatur von NiCu30Fe liegt bei ca. 455 °C in Chlor und bei ungefähr 400 °C in Chlorwasserstoff.

NiCu30Fe zeigt in fluorierenden Medien das gleiche Verhalten wie Nickel, so liegt die obere Einsatztemperatur in Fluorwasserstoff bei ca. 600 °C und in Fluor bei ungefähr 550 °C.

Eine deutlich bessere Korrosionsbeständigkeit in diesen Medien zeigt die aushärtbare Nickel-Kupfer-Legierung K-500.

Wie bereits für Nickel beschrieben, nimmt auch die Korrosionsbeständigkeit von NiCu30Fe in Brom und Iod ab. So beträgt beispielsweise die Korrosionsrate in Bromdampf bei 300 °C ca. 1 mm/a, während in Iod-Dampf mit nur $5 \cdot 10^4$ Pa bei 300 °C bereits über 0,5 mm/a ermittelt werden [20, 38].

3.3 Typische Anwendungsbeispiele

Aufgrund ihrer besonderen Beständigkeit gegenüber flüssigen und gasförmigen Fluoriden sowie in belüftetem Meerwasser, werden Nickel-Kupfer-Legierungen in folgenden Anwendungsbereichen eingesetzt:

1) Chemische Industrie
   - Produktion, Aufbereitung und Transport von Flußsäure
   - Produktion von H_2SiF_6, HBF_4, Natriumfluorsilicaten
   - Düngemittelindustrie zur Gewinnung von Ammonium- und Aluminiumsulfat
2) Petrochemische Industrie
   - Flußsäure-Alkylierungsprozeß
   - Destillationskolonnen bei Anwesenheit von sauren Chloriden
   - Transport von sauren Schlämmen
3) Energietechnik
   - Fluorierungsprozesse
   - Heißdampfleitungen und Kondensatoren
   - Kessel für die Speisewasservorwärmung
4) Meerestechnik
   - Pumpen, Laufräder, Schiffsschraubenwellen, Befestigungselemente
   - Tröpfchenabscheider in Entsalzungsanlagen
5) Textil- und Papierindustrie
   - Schabemesser
6) Nahrungsmittelindustrie
   - Kühlflüssigkeiten von Tiefkühlanlagen
   - Salzproduktion
   - Verdampfer
   - Produktion von organischen Säuren
7) Sonstige
   - Beizen von Stahl

4 Nickel-Chrom- und Nickel-Chrom-Eisen-Legierungen

4.1 Verhalten in wässrigen Lösungen und Salzen

4.1.1 Elektrochemisches Verhalten

Durch das Zulegieren von mehr als 10% Chrom zu Nickel wird das elektrochemische Verhalten von Nickel sehr stark beeinflußt.

Anodische Polarisationsmessungen in 0,5molarer entlüfteter H_2SO_4 bei 25 °C ergaben, daß mit zunehmendem Chromgehalt im Nickel der Aktivbereich deutlich eingeengt wird und die Aktivstromdichte stark abfällt (Abb. 29). Im gleichem Maße wie der Aktivbereich eingeengt wird, weitet sich der Passivbereich aus, bei gleichzeitigem Abfall der Passivstromdichte. Der Anstieg der Stromdichte im Transpassivbereich fällt bei den Nickel-Chrom-Legierungen sehr viel deutlicher aus als bei Nickel.

Der maximale Chromgehalt in den gebräuchlichen Nickel-Chrom-Legierungen liegt bei ca. 30–35% Chrom, da Legierungen mit höheren Chromgehalten nicht

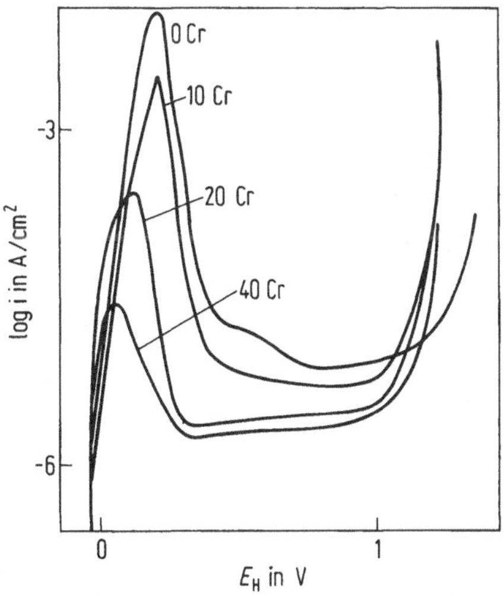

Abb. 29 Einfluß des Chromgehaltes auf das anodische Verhalten von Nickel-Chrom-Legierungen in 0,5 molarer H_2SO_4 (entlüftet mit H_2) bei 25 °C, Potentialänderungsgeschwindigkeit ca. 8 mV/min. [19].

oder zumindest nur eingeschränkt umformbar sind. Häufig findet man in Nickel-Chrom-Legierungen geringe Eisenzusätze von 8 – 10%, um durch den Einsatz von preisgünstigem Ferrochrom die Metallkosten der Legierung senken zu können.

Das Legieren von Nickel mit Eisen bis zu Gehalten von 70% Eisen erweitert den Aktivbereich und verschiebt ihn zu edleren Potentialen, die Passivstromdichte bleibt dabei nahezu unverändert (Abb. 30).

In Gegenwart von Chrom übt Eisen einen positiven Effekt auf die Korrosionsbeständigkeit von Nickel aus. Man erkennt in Abb. 31, daß die Passivstromdichte

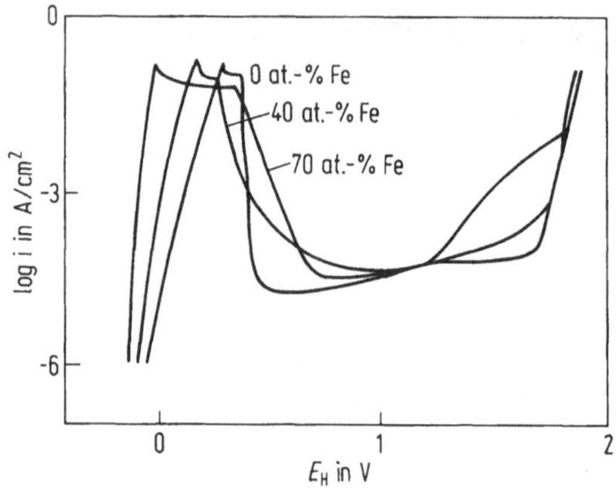

Abb. 30 Einfluß des Eisengehaltes auf das anodische Verhalten von Nickel-Eisen-Legierungen in 0,5 molarer H_2SO_4 (entlüftet mit H_2) bei 25 °C [19].

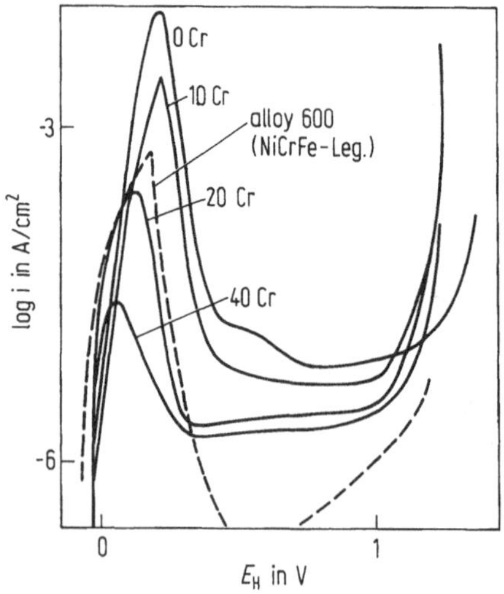

Abb. 31 Einfluß von Eisen auf das anodische Verhalten von Nickel-Chrom-Legierungen in 0,5 molarer H_2SO_4 (entlüftet mit H_2) bei 25 °C, Potentialänderungsgeschwindigkeit ca. 8 mV/min.. Vergleich der binären NiCr-Legierungen mit der NiCrFe-Legierung *alloy 600* [19].

der ternären Nickel-Chrom-Eisen-Legierung *alloy 600* mit ca. 8% Eisen deutlich unter der der binären Nickel-Chrom-Legierungen, sogar derjenigen mit deutlich höherem Chromgehalt, liegt [19, 42].

4.1.2 Verhalten in Süßwasser

Nickel-Chrom- und Nickel-Chrom-Eisen-Legierungen sind in hohem Maße beständig, sowohl in nicht verunreinigten als auch in Wässern mit hohen Gehalten an freiem Kohlendioxid, gelöstem Sauerstoff, Chloriden und Eisen [42].

4.1.3 Verhalten in Meerwasser

Nickel-Chrom-Legierungen weisen in strömendem Meerwasser eine gute Korrosionsbeständigkeit auf. Unter Stillstandsbedingungen kommt es bei ihnen, ebenso wie bei Nickel-Kupfer-Legierungen, zu starker Loch- und Spaltkorrosion, hervorgerufen durch Ablagerungen oder den Bewuchs mit Meeresorganismen [20, 40, 42].

4.1.4 Verhalten in alkalischen Lösungen

Nickel-Chrom-Eisen-Legierungen wie NiCr15Fe weisen neben Nickel eine gute Beständigkeit in konzentrierten Alkalilaugen bei hohen Temperaturen auf. So sind z. B. die Korrosionsraten von NiCr15Fe in geschmolzenem Natriumhydroxid bis 400 °C mit denen von Nickel vergleichbar. Höhere Temperaturen führen jedoch zu deutlich höheren Abtragsraten von NiCr15Fe.

Aufgrund der in den Korrosionsprodukten von NiCr15Fe oft enthaltenen Chromate, und der dadurch bedingten Verfärbung der geschmolzenen Alkalihydroxide, wird häufig auf den Einsatz dieses Werkstoffes verzichtet und Nickel der Vorzug gegeben.

Höhere Anforderungen an die Festigkeit des Werkstoffes und hohe Schwefelgehalte im Hydroxid, z. B. durch Natriumsulfid, machen jedoch den Einsatz von NiCr15Fe erforderlich. Ebenso wie bei Nickel und Nickel-Kupfer-Legierungen tritt bei Nickel-Chrom-Eisen-Legierungen der Stofftransport in geschmolzenem Natriumhydroxid auf.

Die bei Edelstählen und Eisen-Basislegierungen beobachtete Spannungsrißkorrosionsanfälligkeit tritt bei Nickel-Basislegierungen nur selten auf. Nach M. A. Streicher ist bei belüfteter NaOH mit einer Konzentration größer 50% und einem Sauerstoffgehalt größer 0,2 ppm, in dem als kritisch angesehenen Temperaturbereich von 280–350 °C, die Spannungsrißkorrosionsanfälligkeit bei 60% Nickel Legierungsinhalt am geringsten [103]. Eine weitere Verbesserung soll nach diesem Autor durch eine gleichzeitige Erhöhung des Chromgehaltes auf 30% möglich sein [22, 43, 44].

Kaliumhydroxidlösungen verhalten sich bezüglich ihrer Aggressivität gegenüber Nickel-Chrom- und Nickel-Chrom-Eisen-Legierungen in gleicher Weise wie Natriumhydroxid [42].

Im Gegensatz zu Nickel und Nickel-Kupfer-Legierungen sind Nickel-Chrom-Legierungen gegen Ammoniumhydroxidlösungen unter den meisten Bedingungen beständig [42].

4.1.5 Verhalten in neutralen und alkalischen Salzen

Nickel-Chrom-Legierungen sind in neutralen und alkalischen Salzen wie Chloriden, Karbonaten, Sulfaten, Nitraten und Acetaten im allgemeinen gut beständig.

Da jedoch die Legierungsgruppe der Nickel-Chrom-Legierungen lochkorrosionsanfällig in neutralen und alkalischen wie sauren chloridhaltigen Lösungen ist, muß mit starker Lochkorrosion in Natrium- und Calciumhypochlorit bzw. Kupfer- und Eisenchlorid gerechnet werden [42].

4.1.6 Verhalten in oxidierend wirkenden Lösungen und Säuren

Nickel-Chrom- und Nickel-Chrom-Eisen-Legierungen weisen eine bessere Beständigkeit in oxidierend wirkenden Säuren wie z. B. Salpetersäure auf als die meisten anderen Nickel-Basislegierungen. Der Grund hierfür ist, daß die Zugabe von Chrom Potential und Stromdichte, die zur Erreichung der Passivität erforderlich sind, erniedrigt, den Passivbereich erweitert und die Passivstromdichte absenkt. Bei Raumtemperatur in 10%-iger HNO_3 ist ein Chromgehalt von ca. 20% erforderlich, um die Passivität der Legierung aufrechtzuerhalten. In 70%-iger siedender HNO_3 sind 30–35% Chrom erforderlich, während in 98%-iger siedender HNO_3 unabhängig vom Chromgehalt Korrosionsraten von ca. 0,5 mm/a nicht unterschritten werden (Abb. 32).

Hieraus ergibt sich, wie in Abb. 33 dargestellt, daß die Legierung NiCr15Fe mit ca. 15% Chrom nur in Säurekonzentrationen größer gleich 20% bei Raumtemperatur eingesetzt werden kann, während die Legierung NiCr29Fe mit ca. 30% Chrom in bis zu 70%-iger HNO_3 bei allen Temperaturen, bei bis zu 90%-iger HNO_3 bis zu etwa 60 °C einsetzbar ist. Höhere Temperaturen oder Konzentrationen, sowie die Anwesenheit von Ce^{4+}-, MnO_4^{2-}- und VO_3^--Ionen verschieben das Potential in den Transpassivbereich und führen damit zu hohen Auflösungsgeschwindigkeiten.

Der Einfluß des Eisens in Nickel-Chrom-Legierungen ist nur gering. So kann z. B. bei einer Nickel-Chrom-Legierung mit 35% Chrom ca. 20% Nickel durch Eisen ersetzt werden, ohne daß eine deutlich sichtbare Verschlechterung der Korrosionsbeständigkeit hervorgerufen wird. Dennoch ist zu beachten, daß bei mehr als 10% Eisen die Löslichkeit für Kohlenstoff verringert werden kann, so daß es durch eine Sensibilisierung im Temperaturbereich um 650 °C zu verstärkter Carbidausscheidung kommen kann und damit die Gefahr interkristalliner Korrosionsanfälligkeit gegeben ist.

Bei Raumtemperatur sind Nickel-Chrom- und Nickel-Chrom-Eisen-Legierungen in roter und weißer rauchender Salpetersäure beständig. Der Einsatz dieser Legierungen bei erhöhten Temperaturen erfordert jedoch einen Chromgehalt von mindestens 30–40% [42, 45].

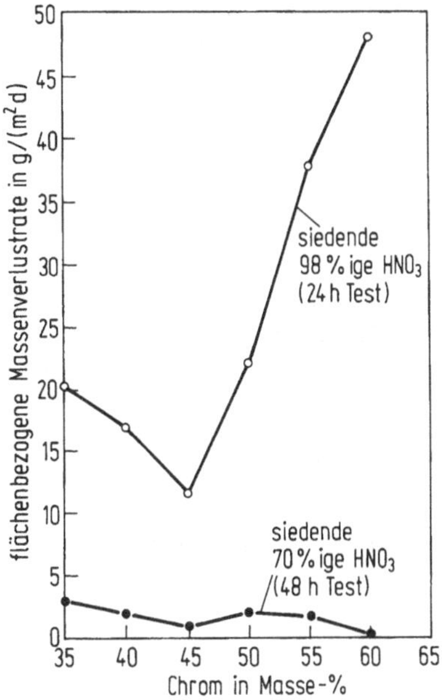

Abb. 32 Einfluß des Chromgehaltes in Nickel-Chrom-Legierungen auf die Beständigkeit in siedender 70%-iger bzw. 98%-iger HNO_3 [42].

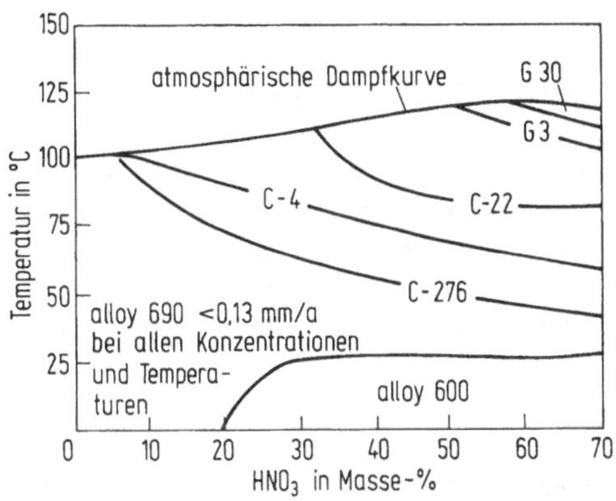

Abb. 33 Korrosionsverhalten verschiedener Nickelbasislegierungen in HNO_3 unterschiedlicher Konzentration in Abhängigkeit von der Temperatur.
Die Isokorrosionslinien geben einen Korrosionsabtrag von 0,13 mm/a an [45].

4.1.7 Verhalten in nicht oxidierend wirkenden Lösungen und Säuren

Der Zusatz von Chrom zu Nickel-Basislegierungen beeinflußt die Beständigkeit des Werkstoffes in reduzierend wirkenden Säuren kaum. So weisen z. B. die Nickel-Chrom-Legierung NiCr8020 und die Nickel-Chrom-Eisen-Legierungen NiCr15Fe

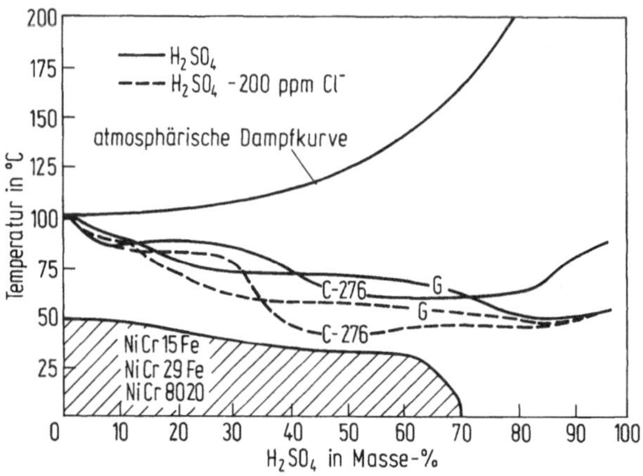

Abb. 34 Beständigkeit von Nickel-Chrom- und Nickel-Chrom-Eisen-Legierungen in H_2SO_4 unterschiedlicher Konzentration in Abhängigkeit von der Temperatur. Die Isokorrosionslinien geben einen Korrosionsabtrag von 0,13 an [45].

und NiCr29Fe nur bei Raumtemperatur bis zu 60%-iger unbelüfteter H_2SO_4 eine ausreichende Beständigkeit auf (Abb. 34). Höhere Temperaturen und Säurekonzentrationen führen zu einem sprunghaften Anstieg der Korrosionsrate.

Während oxidierend wirkende Salze wie Eisen- und Kupfersulfate häufig eine inhibierende Wirkung ausüben, führt eine Belüftung der Säure normalerweise zu einer Verschlechterung der Korrosionsbeständigkeit im Vergleich zur unbelüfteten Säure [23, 24, 42, 45].

Nickel-Chrom- und Nickel-Chrom-Eisen-Legierungen sind in Salzsäure bei Raumtemperatur nur in unbelüfteten Säuren mit Konzentrationen kleiner 5% beständig. Eine Anhebung der Temperatur unbelüfteter 5%-iger HCl von 30 °C auf 85 °C erhöht die Korrosionsrate um mehr als den Faktor 100. Wird bei Raumtemperatur die Säurekonzentration von 5% auf 25% erhöht, steigt die Korrosionsrate ca. um den Faktor 10. Eine Belüftung der Säure führt zu einem deutlichen Anstieg der Korrosionsrate, sowohl bei tiefen als auch bei hohen Temperaturen [25, 28, 42].

In Flußsäure sind Nickel-Chrom- und Nickel-Chrom-Eisen-Legierungen bei Raumtemperatur bei allen Säurekonzentrationen beständig. Die Korrosionsrate liegt üblicherweise nicht über 0,125 mm/a. In der Gruppe der Nickel-Chrom- und der Nickel-Chrom-Eisen-Legierungen weisen Legierungen mit höheren Nickelgehalten zu Lasten von Chrom eine erhöhte Korrosionsbeständigkeit auf. Eine Anhebung der Temperatur führt zu deutlich ansteigenden Korrosionsraten, so werden bei 75 °C in unbelüfteter 15%-iger HF Korrosionsraten von 0,5 mm/a und bei 35%-iger unbelüfteter HF von 1,0 mm/a erreicht. Höhere Säurekonzentrationen bis zu 50% führen wieder zu einem Abfall der Korrosionsrate.

Die Korrosionsraten sind in belüfteten Säuren höher als in unbelüfteten. Die Zugabe von oxidierend wirkenden Salzen kann zu einer Verbesserung der Korrosionsbeständigkeit führen.

Die Dampfphase der Flußsäure führt zu höheren Abtragsraten als die Säure selbst und kann bei unter hohen Spannungen stehenden Werkstoffen Spannungsrißkorrosion auslösen [29, 40, 42].

In Phosphorsäure sind Nickel-Chrom- und Nickel-Chrom-Eisen-Legierungen bei allen Konzentrationen nur bei Raumtemperatur einsetzbar. In heißen, konzentrierten Säuren steigt die Korrosionsrate stark an, so daß die Legierungen bei Temperaturen oberhalb Raumtemperatur nur in sehr verdünnten Lösungen eingesetzt werden können. Innerhalb der Legierungsgruppe der Nickel-Chrom-Eisen-Legierungen nimmt die Korrosionsbeständigkeit mit steigendem Chromgehalt der Legierung zu.

Die im Naßaufschlußverfahren gewonnene Phosphorsäure weist aufgrund von gelöster Schwefelsäure, Chloriden, Fluoriden, Sulfiden und Eisen(III)-Ionen eine besondere Aggressivität auf [30–32, 42].

4.1.8 Verhalten in organischen Säuren

Nickel-Chrom- und Nickel-Chrom-Eisen-Legierungen sind in organischen Säuren bei Raumtemperatur bei allen Konzentrationen beständig. Bei höheren Temperaturen erweisen sich Ameisen- und Essigsäure als besonders aggressiv.

Generell läßt sich jedoch beobachten, daß bei allen organischen Säuren, die Fettsäuren hier ausgeschlossen, steigende Temperaturen zu deutlich erhöhten Korrosionsraten führen. So erhöht sich z. B. die Korrosionsrate von NiCr15Fe in 90%-iger Ameisensäure durch Temperaturerhöhung von 25 °C auf 100 °C um den Faktor 5 auf 0,5 mm/a; in 10%-iger Maleinsäure erreicht der Werkstoff bei 104 °C Korrosionsraten von ebenfalls 0,5 mm/a, vergleichsweise bei 30 °C nur 0,005 mm/a.

In Fettsäuren wie z. B. Olein- und Stearinsäure dagegen liegen die Korrosionsraten von Nickel-Chrom-Eisen-Legierungen selbst im Temperaturbereich von 260–315 °C normalerweise nicht oberhalb von 0,1 mm/a [42, 46].

4.2 Verhalten in Gasen

4.2.1 Grundlagen der Oxidation

Das Zweistoffsystem Nickel-Chrom weist eine Löslichkeit von Nickel für Chrom von ca. 46% bei 1345 °C auf, mit sinkender Temperatur fällt die Löslichkeit und erreicht bei Raumtemperatur ca. 30%. Chromgehalte jenseits der Löslichkeitsgrenze führen zur Ausscheidung von sprödem alpha-Chrom, das die Umformbarkeit des Werkstoffes erschwert (Abb. 35).

Mit zunehmendem Chromgehalt nimmt die Oxidation von Nickel zunächst entsprechend der *Wagnerschen Zundertheorie* zu, da bei der homogenen Auflösung von Chromoxid im Nickeloxid die Kationenleerstellenzahl nach Gl. (23) ansteigt [92]:

$$Cr_2O_3 \rightleftharpoons 2Cr^{+}_{Ni} + V^{2-}_{Ni} + 3O_0 \qquad (23)$$

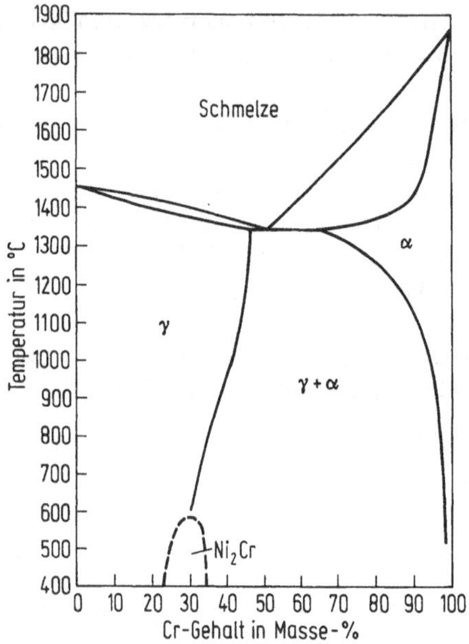

Abb. 35 Nickel-Chrom-Zustandsschaubild [37].

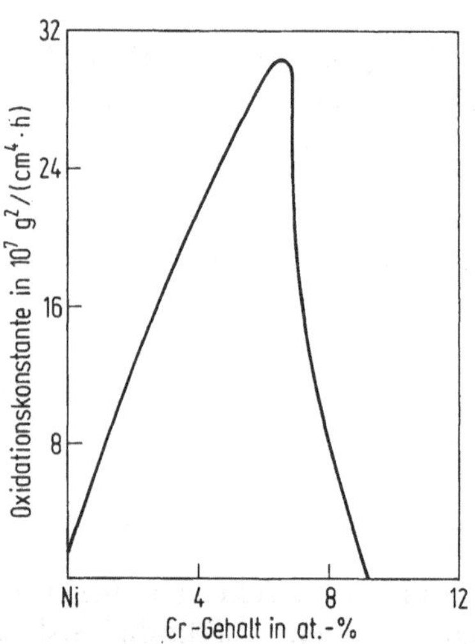

Abb. 36 Die Oxidationsgeschwindigkeit von Nickel-Chrom-Legierungen in Abhängigkeit vom Chromgehalt für 900 °C [37].

Bei Chromgehalten über 6 at.-% nimmt die Oxidationsbeständigkeit durch zunehmende Bildung von Chromoxid und Nickel-Chrom-Spinell wieder zu (Abb. 36). Es kommt zur Ausbildung einer schichtförmigen Struktur, die zur Gasseite aus reinem NiO besteht, während in der darunter liegenden Schicht die im Nickeloxid ausgeschiedenen Chromoxidpartikel nach Gl. (24) mit Nickeloxid zu Spinellpartikeln reagiert haben:

$$NiO + Cr_2O_3 \rightleftharpoons NiCr_2O_4 \qquad (24)$$

In der Nickel-Chrom-Legierung selbst kommt es aufgrund der höheren thermodynamischen Beständigkeit des Chromoxids im Vergleich zum Nickeloxid zu immer stärkerer Oxidation, d. h. zur Ausscheidung von Chromoxidpartikeln in der metallischen Matrix (Abb. 37).

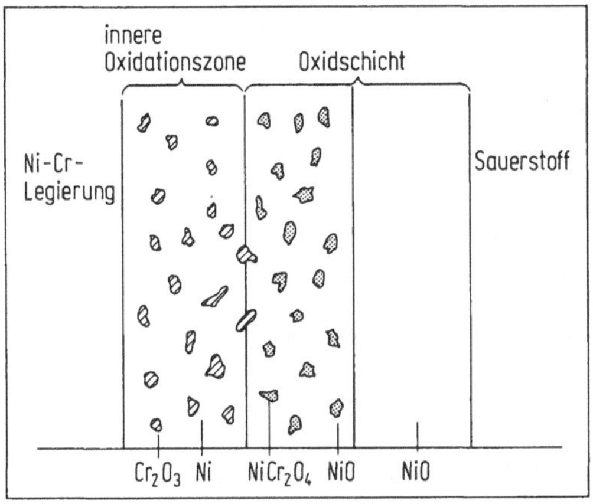

Abb. 37 Schematische Darstellung des Aufbaus der Oxidschicht auf einer Nickel-Chrom-Legierung mit 5% Chrom [37].

Chromgehalte über 10 at.-% dagegen führen zur Ausbildung eines geschlossenen Chromoxid-Filmes. Chromoxid ist ebenso wie Nickeloxid ein Defekthalbleiter, in dem die Diffusion fast ausschließlich über Kationenfehlstellen abläuft. Im Vergleich zum unlegierten Nickel wird die Oxidationsbeständigkeit nun deutlich besser, da der geschwindigkeitsbestimmende Schritt der Oxidation jetzt nicht mehr die Diffusion von Nickelionen durch Nickeloxid ist, sondern der von Chromionen durch Chromoxid. Aufgrund der im Vergleich zu Nickeloxid wesentlich geringeren Fehlstellendichte des Chromoxids ist die Diffusion der Kationen durch das Oxidgitter deutlich langsamer und somit die Oxidationsgeschwindigkeit reduziert (Abb. 38).

Abb. 39 zeigt den Einfluß des Chromgehaltes in Nickel-Chrom-Legierungen auf die Oxidationsbeständigkeit bei verschiedenen Temperaturen. Es fällt auf, daß bei Temperaturen oberhalb von 895 °C die Massezunahme bei Chromgehalten von 40–50% ein Minimum aufweist. Höhere Chromgehalte führen wieder zu einem Anstieg der Massezunahme, also zu einer Verschlechterung der Oxidationsbeständigkeit, die wesentlich stärker ausfällt als zunächst sichtbar, da der Masseverlust durch die Abdampfung des leicht flüchtigen CrO_3 noch berücksichtigt werden muß. Der Grund hierfür dürfte darin zu suchen sein, daß Nickel-Chrom-Legierungen mit Chromgehalten oberhalb von 50% kein Nickel-Chrom-Spinell mehr bilden, dem einige Autoren ebenfalls eine Verbesserung der Oxidationsbeständigkeit zuschreiben.

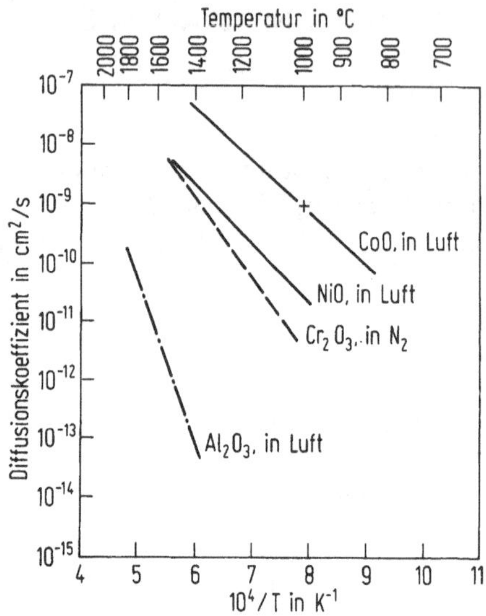

Abb. 38 Vergleichende Darstellung der Diffusionsgeschwindigkeit verschiedener Kationen in ihren Oxiden [47].

Die Chromoxidabdampfung wird bedeutsam bei Temperaturen ab ca. 1000 °C und läuft nach Gl. (25) ab:

$$Cr_2O_3(s) + 3/2\ O_2(g) \rightleftharpoons 2CrO_3(g) \tag{25}$$

Sie führt zu starken Chromverlusten und zu Oxidschichtdicken, die deutlich dünner ausfallen als nach dem geltenden Oxidwachstumsgesetz zu vermuten wäre.

Zusätze von Eisen zu Nickel-Chrom-Legierungen führen zu einer Einengung des gamma-Phasengebietes, was mit sinkender Temperatur immer deutlicher wird. So sind z. B. bei 1100 °C bei einer Legierung mit 20% Chrom und 70% Eisen nur 10% Nickel erforderlich, um einen vollaustenitischen Werkstoff zu erhalten (Abb. 40), während bei 550 °C bei einer Legierung mit ebenfalls 20% Chrom schon 55% Nickel nötig sind, woraus folgt, daß der maximal zulässige Eisengehalt bei 25% liegt (Abb. 41). Gleichzeitig ist auf der binären Fe-Cr-Seite des isothermen Schnittes durch das Dreistoffsystem Ni-Cr-Fe das Auftreten der intermetallischen sigma-Phase zu beobachten. Die mit dem Zulegieren von Eisen beobachteten Gefügeveränderungen spielen für das Oxidationsverhalten dieser Legierungen eine nicht unwesentliche Rolle. So kann z. B. beim Auftreten der sigma-Phase davon ausgegegangen werden, daß an der Phasengrenze sigma-Phase/Matrix aufgrund der dort vorliegenden Chromverarmung der Matrix eine bevorzugte Schädigung durch Oxidation auftritt. Diese Schädigung ist von ihrem Ausmaß natürlich nicht überzubewerten, da der prozentuale Anteil der sigma-Phase im Gefüge üblicher Knetlegierungen meistens sehr klein ist und das Auftreten der sigma-Phase in der Regel auf den Temperaturbereich von ca. 500 – 900 °C beschränkt ist.

Werkstoffe mit vollständigem oder nur teilweise ferritischem Gefüge weisen im Vergleich zu vollaustenitischen Werkstoffen andere Diffusionsbedingungen in der

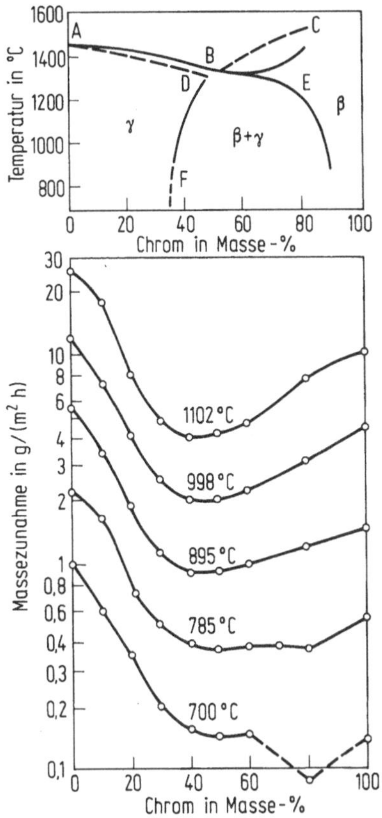

Abb. 39 Oxidationsbeständigkeit von Nickel-Chrom-Legierungen im Temperaturbereich von 700 °C bis 1100 °C in Abhängigkeit vom Chromgehalt. Das obere Teilbild stellt das korrespondierende binäre Ni-Cr Zustandsschaubild dar [42].

Matrix auf. So ist z. B. die Diffusionsgeschwindigkeit von Chromionen in einer ferritischen Matrix deutlich höher als in einer austenitischen, was einen schnelleren Konzentrationsausgleich chromverarmter Bereiche ermöglicht, aber auch aufgrund des höheren Angebotes an Chromionen zu schnellerem Oxidwachstum führt. Schnelleres Oxidwachstum ist von Vorteil bei zyklischer Oxidation mit hoher Zyklenzahl pro Zeiteinheit, während bei isothermer Oxidation oder Oxidation mit nur wenigen Zyklen pro Zeiteinheit sehr dicke und meist wenig haftende Oxidschichten aufgebaut werden.

Nickel-Chrom-Legierungen mit mindestens 10% Chrom und Eisenzusätzen, bei denen das austenitische Gefüge vollständig erhalten bleibt, zeigen ein Oxidationsverhalten, das im wesentlichen dem der binären Nickel-Chrom-Legierungen entspricht.

Im Anfangsstadium der Oxidation ist allerdings damit zu rechnen, daß alle oxidationsfähigen Elemente, also auch das Eisen, oxidiert werden und erst im Laufe der weiteren Oxidation nur noch die Oxide der Elemente mit der größten Sauerstoffaffinität gebildet werden.

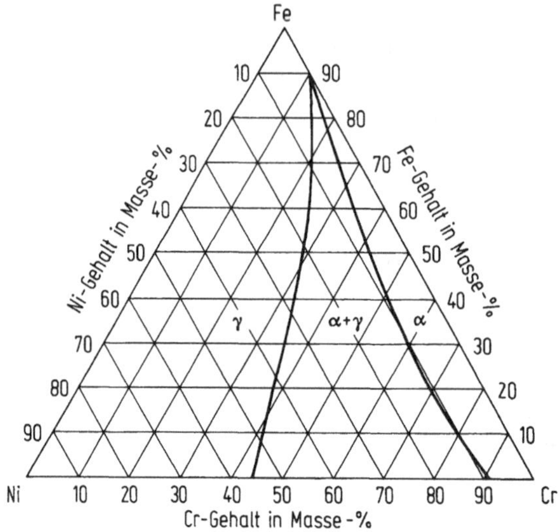

Abb. 40 Das Dreistoffsystem Nickel-Chrom-Eisen für 1100 °C [37].

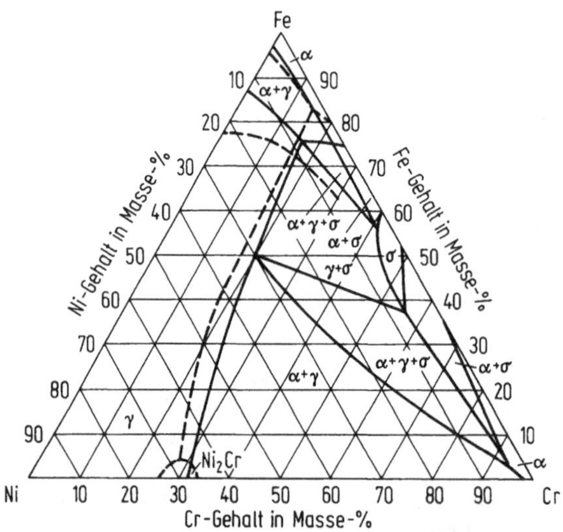

Abb. 41 Das Dreistoffsystem Nickel-Chrom-Eisen für 650 °C [37]. Die gestrichelten Linien geben die Existenzbereiche der Phasengebiete für 550 °C an.

Dieses dürfte auch die Beobachtungen von Pfeiffer erklären, der eine Abhängigkeit der gebildeten Oxide von der Oxidschichtdicke beobachtet hat. So wurde z. B. in der dünnen Oxidschicht (0,03 – 0,05 μm) von NiCr6015 neben Cr_2O_3 und $NiCr_2O_4$ auch die Spinelle $FeCr_2O_4$ und $MnCr_2O_4$ beobachtet, während die dicken Oxidschichten (10 – 30 μm) sich nicht wesentlich von den auf binären NiCr8020-Legierungen gebildeten unterschieden [33 – 37, 42, 47].

4.2.2 Verhalten in oxidierenden Gasen

Wie bereits in Abschnitt 4.2.1 beschrieben, erhöhen Chromzusätze über 10 at.-% durch die Ausbildung eines geschlossenen Chromoxid-Films die Oxidationsbeständigkeit von Nickellegierungen deutlich. Aus diesem Grunde enthalten kommerzielle Legierungen, die für den Einsatz unter oxidierenden Bedingungen wie z. B. Sauerstoff, Luft, Wasserdampf usw. bestimmt sind, gewöhnlich mehr als 15 Masse-% Chrom.

Tabelle 6 zeigt die an Luft ermittelten Oxidationsraten einiger Ni-Cr- und Ni-Cr-Fe-Legierungen. Die Prüfungen wurden zur besseren Übertragbarkeit in die Praxis zyklisch durchgeführt. Der untersuchte Temperaturbereich lag zwischen 750 °C und 1100 °C. Man erkennt, daß bis 1000 °C nur sehr geringe Oxidationsraten auftreten. Alle untersuchten Legierungen zeigen Massenzunahmen mit Ausnahme von *alloy 600H*, bei der bei 1000 °C leichte Massenverluste auftreten, die sich bei 1100 °C sehr deutlich verstärken. Aus diesem Grunde sollte die obere Einsatztemperatur von *alloy 600H* 1100 °C nicht übersteigen. *Alloy 690* ist aufgrund des auf 30 Masse-% angehobenen Chromgehaltes durchaus für Temperaturen bis 1100 °C geeignet.

Tab. 6 Oxidationsbeständigkeit von Ni-Cr- und Ni-Cr-Fe-Legierungen bei zyklischer Beanspruchung in Luft im Temperaturbereich von 750 – 1100 °C (eigene bisher unveröffentlichte Untersuchungsergebnisse)

Werkstoff	Oxidationsrate in g/(m² h)			
	750 °C	850 °C	1000 °C	1100 °C
alloy 600 H	+ 0,003	+ 0,005	– 0,005	– 0,25
alloy 601 H	+ 0,001	+ 0,005	+ 0,005	+ 0,015
alloy 690	+ 0,002	+ 0,007	+ 0,012	+ 0,04
NiCr 8020	–	+ 0,003	+ 0,010	+ 0,015
NiCr 7030	–	+ 0,007	+ 0,010	± 0,0

* Versuchsdauer 1000 h, wenn die Oxidationsbeständigkeit der Legierung es zuließ. Versuchszyklus 24 h (4 h Aufheizung, 16 h Haltezeit, 4 h Abkühlung)

Alloy 601H hat sich aufgrund des Chromgehaltes von ca. 23 Masse-% und Aluminiumzusätzen von ca. 1,4 Masse-% in der Praxis bis zu Temperaturen von 1150 °C bewährt.

Zusätze von Seltenerdmetallen erlauben bei den Heizleiterlegierungen NiCr8020 und NiCr7030 maximale Betriebstemperaturen von 1250 °C.

In anderen oxidierenden Gasen, wie z. B. Sauerstoff oder Wasserdampf, ist bei Ni-Cr- bzw. Ni-Cr-Fe-Legierungen ein ähnliches Verhalten wie in Luft zu beobachten. Es sollte jedoch berücksichtigt werden, daß das sich in diesen Atmosphären bildende Chromoxid ein Defekthalbleiter ist, d. h., daß der Fehlordnungsgrad und dadurch bedingt auch das Oxidwachstum mit steigendem Sauerstoffpartialdruck zunehmen.

4.2.3 Verhalten in aufkohlenden Gasen

In der Praxis anzutreffende aufkohlende Gase sind in der Regel Kohlendioxid (CO_2), Kohlenmonoxid (CO) und Kohlenwasserstoffe (z. B. CH_4).

Das Verhalten von Ni-Cr- bzw. Ni-Cr-Fe-Legierungen ist sehr unterschiedlich. So ist z. B. in CO_2 nicht nur eine Schädigung des Werkstoffes durch Aufkohlung, sondern ebenso durch Oxidation zu erwarten. Parallellaufende Aufkohlung und Oxidation erschweren die Ausbildung einer schützenden Oxidschicht, so daß Ni-Cr- und Ni-Cr-Fe-Legierungen in dieser Atmosphäre nur bis zu 1000 °C eingesetzt werden sollten.

In Kohlenmonoxid-Atmosphären wird bei Ni-Cr-Legierungen im Temperaturbereich von 815–980 °C die sog. *Grünfäule* beobachtet, deren Ursache auf die innere selektive Oxidation des Chroms zurückzuführen ist. Der Sauerstoffpartialdruck der Atmosphäre ist hierbei so niedrig, daß das insbesondere für die Anfangsphase der Oxidation wichtige Nickeloxid sich nicht bilden kann.

Aus diesem Grunde werden in derartigen Medien Ni-Cr-Fe-Legierungen eingesetzt, da das Eisenoxid auch bei den hier vorliegenden niedrigen Sauerstoff-Partialdrücken beständig ist und somit zur Schutzwirkung des Werkstoffes beitragen kann. Legierungszusätze von Silicium führen laut Literatur zu einer deutlichen Verringerung des Korrosionsangriffes in Kohlenmonoxid-Atmosphären [93].

Generell läßt sich sagen, daß Ni-Cr-Fe-Legierungen mit 14–16% Chrom und ca. 6% Eisen Einsatztemperaturen von 1000 °C erlauben, ohne daß nennenswerte innere Aufkohlung oder Oxidation auftritt. Chromgehalte von 20–22% führen im Temperaturbereich der Chromcarbidausscheidung (ca. 800 °C) zu einer deutlichen Erhöhung des Korrosionsangriffes. Eine Anhebung des Eisengehaltes auf ca. 20% führt bei hohen Temperaturen (ca. 1000 °C) zur deutlichen Massenzunahme und dem Auftreten ausgeprägter innerer Oxidation und Aufkohlung.

Kohlenwasserstoffhaltige Atmosphären, wie z. B. Gemische aus Methan und Wasserstoff, sind für die hier eingesetzten kommerziellen Legierungen meist reduzierend, d. h. ein die Kohlenstoffdiffusion hemmender Oxidschichtfilm kann sich nicht ausbilden.

Tab. 7 Aufkohlungsverhalten von Ni-Cr- und Ni-Cr-Fe-Legierungen bei zyklischer Beanspruchung in CH_4/H_2 mit a_c = 0,8 im Temperaturbereich von 750–1000 °C (eigene bisher unveröffentlichte Untersuchungsergebnisse)

Werkstoff	Korrosionsrate in g/(m² h)		
	750 °C	850 °C	1000 °C
alloy 600 H	+ 0,017	+ 0,050	– 0,17
alloy 601 H	+ 0,001	+ 0,064	+ 0,15
alloy 690	+ 0,024	+ 0,095	+ 0,27
NiCr 8020		+ 0,10	+ 0,32
NiCr 7030		+ 0,11	+ 0,30

* Versuchsdauer 1000 h
Versuchszyklus 24 h (4 h Aufheizung, 16 h Haltezeit, 4 h Abkühlung)

Dies führt bei hoher Kohlenstoffaktivität des Gasgemisches zu hohen Massenzunahmen durch Aufkohlung.

Wie Tabelle 7 zu entnehmen ist, sollten aufgrund der bei 1000 °C gemessenen Massenzunahmen Ni-Cr-Legierungen mit Chromgehalten von 20% und mehr nur bis maximal 1000 °C eingesetzt werden. Ni-Cr-Fe-Legierungen zeigen bei vergleichbarem Chromgehalt geringere Massenzunahmen. *Alloy 600H* mit ca. 16% Chrom weist auch bei 1000 °C eine gute Aufkohlungsbeständigkeit, ebenso wie *alloy 601H,* auf; der Aluminiumzusatz von ca. 1,4% kompensiert hier den im Vergleich zu *alloy 600H* erhöhten Chromgehalt [37, 42, 48–55].

4.2.4 Verhalten in aufstickenden Gasen

Über das gute Korrosionsverhalten von Nickel in aufstickenden Gasen ist bereits in Abschnitt 2.2.4 berichtet worden. Der Zusatz von Chrom, Eisen, Aluminium und Titan wird in der Literatur jedoch unterschiedlich bewertet. So bilden gerade Chrom, Aluminium und Titan aufgrund ihrer großen Affinität zum Stickstoff harte und spröde Nitride, die aufgrund der mit ihrer Bildung einhergehenden Volumenänderung zu Abplatzungen auf der Werkstoffoberfläche führen können.

Tab. 8 Korrosionsverhalten verschiedener Werkstoffe nach 29.164 Stunden in einem Ammoniakkonverter bei Temperaturen zwischen 490 und 550 °C [42].

Werkstoff	Nominaler Nickelgehalt in Masse-%	Korrosionsrate in mm/a
SS 446	–	0,028
SS 430	–	0,023
SS 302 B	10	0,018
SS 304	9	0,015
SS 316	13	0,012
SS 321	11	0,012
SS 309	14	0,006
SS 310	21	0,004
37Ni-20Cr-Rest Fe	37	0,005
SS 314	20	0,003
SS 330(a)	34	0,002
SS 330(b)	36	0,001
80Ni-20Cr	80	nm
60Ni-15Cr-Rest Fe	60	nm
alloy 600	79	nm
70Ni-20Cr-Rest Fe	70	nm
alloy 400	66	nm
alloy 200	99,5	nm

nm: nicht meßbar

Andererseits ist darauf hingewiesen worden, daß Nitridbildner in Kombination mit Nickel die Diffusionsgeschwindigkeit von Stickstoff in der Legierung reduzieren können und somit den Korrosionsangriff verringern.

Wie aus Tabelle 8, die das Korrosionsverhalten verschiedener Werkstoffe in einem Ammoniakkonverter vergleichend darstellt, hervorgeht, tritt bei Legierungen mit mindestens 60% Nickel kein meßbarer Korrosionsangriff mehr auf.

Betrachtet man die geprüften Legierungen nicht nur unter dem Gesichtspunkt der Korrosionsbeständigkeit, sondern auch hinsichtlich ihrer thermischen bzw. mechanischen Langzeitstabilität, so sind hohe Gehalte an stabilen Nitridbildnern sicherlich nicht wünschenswert, da die starke Nitridausscheidung zur Versprödung und reduzierter mechanischer Festigkeit des Werkstoffes und damit auch des Bauteiles führt [37, 42].

4.2.5 Verhalten in aufschwefelnden Gasen

Aus dem bereits in Abschnitt 2.2.5 für Nickel beschriebenen Gründen gilt ebenso wie für Ni-Cr- und Ni-Cr-Fe-Legierungen, daß Sulfidierung zu deutlich stärkerem Korrosionsangriff führt als Oxidation.

Das Ausmaß der Sulfidierung wird jedoch in starkem Maße vom Chromgehalt der Legierung bestimmt. Abb. 42 zeigt schematisch den Einfluß des Chromgehaltes in Ni-Cr-Legierungen auf die Sulfidierungsbeständigkeit. Hiernach tritt bereits bei 20% Chrom eine deutliche Verbesserung auf, die bei ungefähr 50–60% Chrom ihr Maximum erreicht.

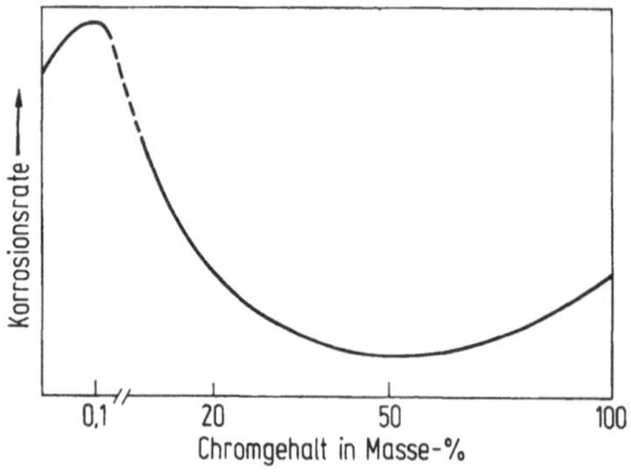

Abb. 42 Schematische Darstellung des Einflusses des Chromgehaltes einer Nickel-Chrom-Legierung auf die Korrosionsrate in einem sulfidierenden Medium [42].

Wie Abb. 43 zu entnehmen ist, ist die Beständigkeit der Legierungen in reduzierend wirkenden schwefelwasserstoffhaltigen Gasen, insbesondere oberhalb 800 °C, deutlich geringer als in oxidierend wirkenden schwefeloxidhaltigen Gasen. Der Grund hierfür dürfte die unter oxidierenden Bedingungen auftretende Ausbildung einer schützenden, die Einwärtsdiffusion von Schwefel hemmenden Chromoxidschicht sein, während der sich unter reduzierenden Bedingungen ausbildenden Cr_2S_3-

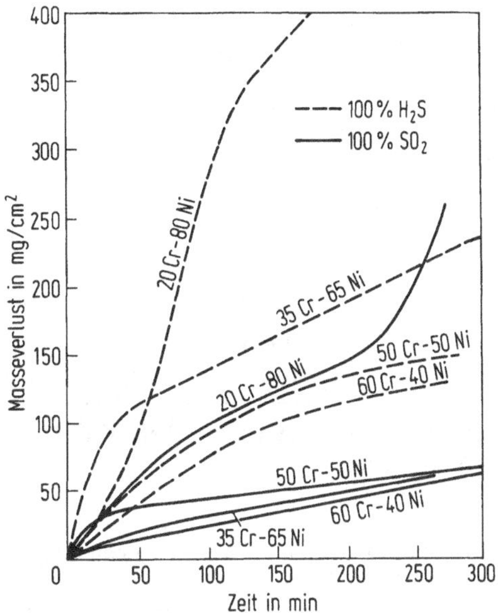

Abb. 43 Korrosionsverhalten von Nickel-Chrom-Legierungen in Schwefelwasserstoff und Schwefeldioxid bei 900 °C [42].

Cr_2S_3-Schicht mit eingelagerten Nickelionen eine deutlich geringere Schutzwirkung zuzuschreiben ist. Hierfür spricht auch die unter reduzierenden Bedingungen deutlich stärker ausgeprägte interkristalline Korrosion [42, 56–62].

4.2.6 Verhalten in halogenierenden Gasen

Ni-Cr- und Ni-Cr-Fe-Legierungen zeigen unter oxidierend wirkenden chlorierenden Bedingungen wie z. B. in 0.25% Cl_2 + 20% O_2 + Ar bis 750 °C eine mit Nickel vergleichbare Korrosionsbeständigkeit (Tab. 9). Bei höheren Temperaturen wirken sich höhere Chromgehalte nachteilig aus. Eine gute Beständigkeit unter o. g. Bedingungen bis 850 °C zeigte die Legierung *600H*, während die Ni-Cr-Legierungen NiCr8020 und NiCr7030 sowie die Ni-Cr-Fe-Legierungen *601H* und *690* bei 750 °C ihre obere Einsatztemperaturgrenze bereits erreicht haben.

Die Korrosionsbeständigkeit von Ni-Cr- und Ni-Cr-Fe-Legierungen in reduzierend wirkenden chlorierenden Gasen ist deutlich geringer als in oxidierend wirkenden chlorierenden Gasen.

Der Grund hierfür dürfte in der Ausbildung einer schützenden, d. h. die Einwärtsdiffusion der Chloridionen hemmenden Chromoxidschicht unter oxidierenden Bedingungen zu suchen sein.

Wie Tabelle 10 ausweist, erreichen die Ni-Cr-Legierungen NiCr8020 und NiCr7030 bereits bei 750 °C Korrosionsraten von – 0,154 g/m²h bzw. – 0,289 g/m²h. Noch schlechter ist das Korrosionsverhalten der Ni-Cr-Fe-Legierungen mit mehr als 20% Chrom. So werden bei *alloy 601H* und *alloy 690* Korrosionsraten von

Tab. 9 Zyklische Chlorierungsversuche von Ni-Cr- und Ni-Cr-Fe-Legierungen in 0,25% Cl_2 + 20% O_2 + Ar im Temperaturbereich von 750–950 °C* (eigene bisher nicht veröffentlichte Untersuchungsergebnisse)

Werkstoff	Korrosionsrate in g/(m² h)		
	750 °C	850 °C	950 °C
alloy 600H	– 0,0025	– 0,056	– 0,481
alloy 601H	–	– 0,475	– 1,252
alloy 690	– 0,039	– 1,190	–
NiCr 8020	+ 0,020	– 0,169	– 1,285
NiCr 7030	– 0,014	– 0,282	– 0,260

* Versuchsdauer 1000 h, sofern die Korrosionsbeständigkeit es zuließ. Versuchszyklus 24 h (4 h Aufheizung, 16 h Haltezeit, 4 h Abkühlung)

Tab. 10 Zyklische Chlorierungsversuche von Ni-Cr- und Ni-Cr-Fe-Legierungen in H_2 + 10% HCl im Temperaturbereich von 650–850 °C* [102]

Werkstoff	Korrosionsrate in g/(m² h)		
	650 °C	750 °C	850 °C
alloy 600H	– 0,003	– 0,086	– 0,304
alloy 601H	+ 0,009	– 0,353	–
alloy 690	+ 0,027	– 0,437	–
NiCr 8020	–	– 0,154	–
NiCr 7030	–	– 0,289	–

* Versuchsdauer 1000 h, sofern die Korrosionsbeständigkeit es zuließ. Versuchszyklus 24 h (4 h Aufheizung, 16 h Haltezeit, 4 h Abkühlung)

– 0,353 g/m²h bzw. – 0,437 g/m²h ermittelt. Lediglich die Legierung *600H* mit nur 16% Chrom zeigt auch bei 750 °C mit einer Korrosionsrate kleiner als – 0,1 g/m²h ein befriedigendes Korrosionsverhalten, während die übrigen Ni-Cr- bzw. Ni-Cr-Fe-Legierungen mit 20% Chrom und mehr sicherlich unter den vorliegenden Prüfbedingungen nicht oberhalb von 650 °C eingesetzt werden sollten [42, 63–67].

Die Beständigkeit von Ni-Cr- bzw. Ni-Cr-Fe-Legierungen in Fluorwasserstoff (HF) ist etwas besser als in Chlorwasserstoff (HCl), da die entstehenden Fluoride im Vergleich zu den korrespondierenden Chloriden einen höheren Schmelzpunkt und niedrigere Dampfdrücke haben.

Im Vergleich zu Fluorwasserstoff ist die Korrosionsbeständigkeit der Ni-Cr- und Ni-Cr-Fe-Legierungen in reinem Fluor deutlich schlechter. So zeigt die Legierung *600H* bereits bei 400 °C einen so starken Korrosionsangriff, so daß nur der Einsatz von Nickel in Frage kommt [42, 68].

Auch in Iod-Dampf weist die Legierung *600H* bei 450 °C eine für den Langzeiteinsatz unakzeptabel hohe Korrosionsrate von mehr als – 0,5 g/m²h auf.

4.3 Typische Anwendungsbeispiele

Die Einsatzgebiete der Nickel-Chrom- bzw. der Nickel-Chrom-Eisen-Legierungen sind gekennzeichnet durch gute Beständigkeit in Hydroxiden, besonders bei Anwesenheit von Schwefel und Chloriden, durch Korrosionsbeständigkeit in gasförmigen Halogenverbindungen und einer ausgezeichneten Oxidations-, Aufkohlungs- und Aufstickungsbeständigkeit.

Einsatzgebiete sind:

1) Chemische Industrie
   - Produktion von halogenierten Kohlenwasserstoffen
   - Produktion von phenolhaltigen Harzen
   - Herstellung, Lagerung und Transport von Ätzalkalien mit hohen Gehalten an Schwefel und Chloriden
   - Ammoniakspaltanlagen
   - Öfen für die Ethylendichloridproduktion
   - Anlagen für die Vinylchloridmonomerproduktion
   - Anlagen für die Titanoxidproduktion

2) Energietechnik
   - Aufarbeitung von Brennelementen
   - Wärmetauscher in Druckwasserreaktoren
   - Fluorierungsprozesse
   - Wärmetauscher in Kohlevergasungs- und -verbrennungsanlagen
   - Wärmetauscher und Überhitzer in Müllverbrennungsanlagen
   - Ofeneinbauten in Müllpyrolyseanlagen

3) Textil- und Papierindustrie
   - Alkalische Papierbreiproduktion und -verarbeitung
   - Dampfbeheizte Trockner
   - Walzen zum Rollen von Geweben
   - Einbauten und Überhitzerrohre in der Papier- und Zellstoffindustrie

4) Nahrungsmittelindustrie
   - Prozesse, in denen Kontaminationsfreiheit erforderlich ist
   - Reaktionsgefäße, Verdampfer, Wärmetauscherrohre und Rohrleitungen für organische Säuren

5) Wärmebehandlungsanlagen
   - Wärmetauscher für die Erwärmung von Stahl
   - Keramikbrennöfen
   - Strahlrohre für die indirekte Beheizung
   - Ofenbauteile für die Gasaufkohlung
   - Wärmetauscher und Ventilatoren an Aluminiumschmelzöfen
   - Schmelzbehälter und Spinner in der Fiberglasproduktion
   - Schmelzbehälter und Werkzeuge für das Einschmelzen von radioaktivem Abfall

- Zubehör von Glasschmelzöfen
- Wannen für Wärmebehandlungsbäder für das Tempern von Stahl
- Wannen für Nitrocarburierbäder
- Schutz- bzw. Blankglühöfen für Stahl
- Salzbadöfen für die Wärmebehandlung von Stahl
- Sinteröfen

5 Nickel-Molybdän- und Nickel-Chrom-Molybdän-Legierungen

5.1 Verhalten in wässrigen Lösungen und Salzen

5.1.1 Elektrochemisches Verhalten

Abb. 44 zeigt, anhand der anodischen Polarisationskurven in sauerstofffreier 1n H_2SO_4 bei 25 °C, daß mit zunehmendem Molybdängehalt in Nickel-Molybdän-Legierungen bis zu ca. 20% Molybdän die Stromdichte im Aktivbereich und die Passivierungsstromdichte deutlich abgesenkt werden, während das Potential des maximalen Korrosionsstroms kaum merklich beeinflußt wird. Der Passivbereich ist bei 20% Molybdängehalt noch andeutungsweise zu erkennen, bei ca. 30% Molybdän verschwindet er vollständig.

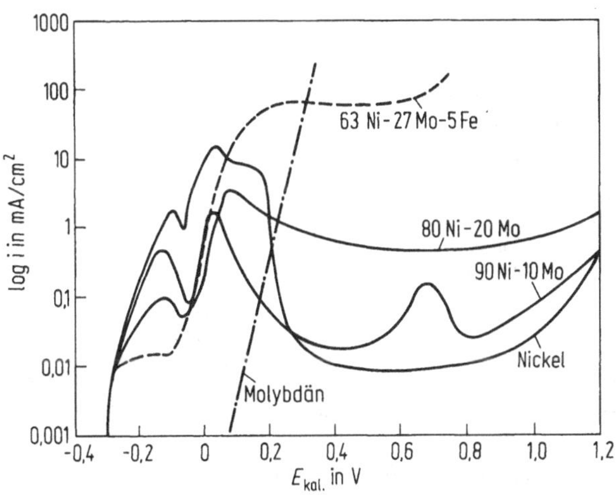

Abb. 44 Anodische Polarisationskurven für Nickel, Molybdän, Nickel-Molybdän-Legierungen in H_2-gesättigter 1 n Schwefelsäure bei 25 °C [69].

Besonders stark werden die Korrosionsgeschwindigkeiten von Nickel-Molybdän-Legierungen im Bereich von 0–6% und oberhalb von 15% Molybdän beeinflußt (Abb. 45). Aus diesem Grunde und unter Berücksichtigung, daß Knetlegierungen nur bis zu ca. 30% Molybdän herstellbar sind, ist es auch kein Zufall, daß die

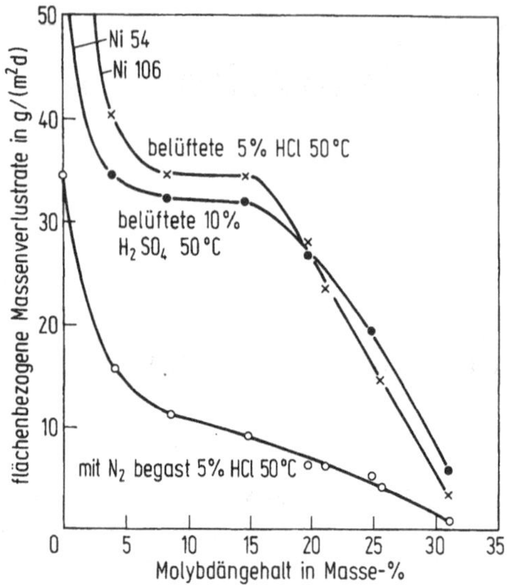

Abb. 45 Abtragungsraten von Nickel-Molybdän-Legierungen in verdünnter Salz- und Schwefelsäure in Abhängigkeit vom Molybdängehalt [40].

meisten der gebräuchlichen kommerziellen korrosionsbeständigen Legierungen in die Gruppen

I. mit ca. 6,5% Molybdän
- *alloy G* (6,5% Mo)
- *alloy G-3* (7% Mo)
- *alloy F* (6,5% Mo)

II. mit ca. 16,5% Molybdän
- *alloy N* (16,5% Mo)
- *alloy C-4* (16% Mo)
- *alloy 59* (16% Mo)

Geht man davon aus, daß sich Wolfram in gleicher Weise verhält wie Molybdän und berücksichtigt das fast doppelt so hohe spezifische Gewicht von Wolfram gegenüber Molybdän mit dem Korrekturfaktor 0,5, so müssen noch die Legierungen
- *alloy C-276* (16% Mo + 0,5 · 4% W)
- *alloy C-22* (13,5% Mo + 0,5 · 3% W)

berücksichtigt werden.

III. mit ca. 30% Molybdän
- *alloy B-2* (28% Mo)

eingeteilt werden können.

Eisen in Nickel-Molybdän-Legierungen führt erst ab Gehalten von 5% und Molybdängehalten zwischen 25% und 30% zu einer signifikanten Senkung des Korrosionspotentials (Abb. 46).

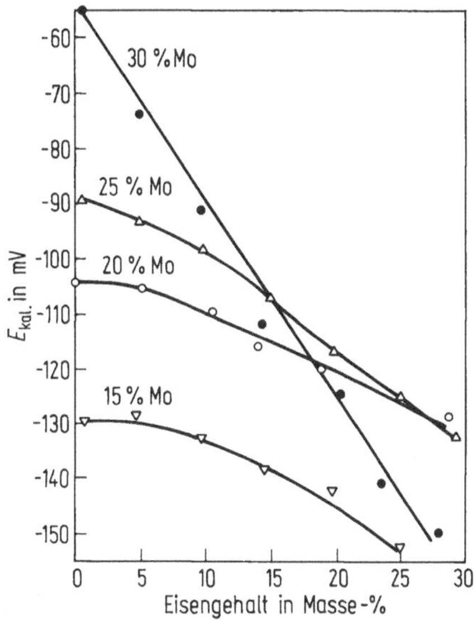

Abb. 46 Korrosionspotentiale verschiedener Nickel-Molybdän-Legierungen in 5%iger HCl bei 24 °C in Abhängigkeit vom Eisengehalt [40].

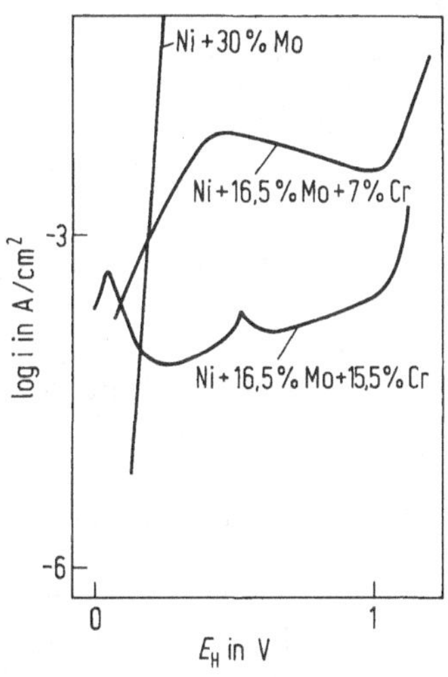

Abb. 47 Einfluß von Chrom auf das anodische Verhalten von Nickel-Molybdän-Legierungen in siedender 10%-iger H_2SO_4, entlüftet mit H_2 [19].

Der Zusatz von Chrom zu Nickel-Molybdän-Legierungen bewirkt eine Verschiebung des Aktivbereiches zu unedleren Potentialen, so daß zu erwarten ist, daß die Korrosionsbeständigkeit in reduzierenden Lösungen und Säuren abnimmt. Gleichzeitig führen jedoch Chromgehalte von 15% und mehr wieder zur Passivierbarkeit der Wirkstoffe und damit zu verbessertem Verhalten in oxidierenden Lösungen und Säuren (Abb. 47).

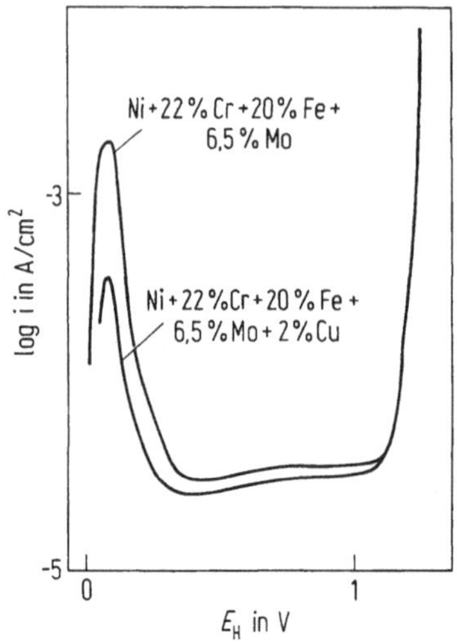

Abb. 48 Einfluß von Kupfer auf das anodische Verhalten von Nickel-Chrom-Eisen-Molybdän-Legierungen in siedender 10%-iger H_2SO_4, entlüftet mit H_2 [19].

Durch die Zugabe von Kupfer zu Nickel-Chrom-Molybdän- und Nickel-Chrom-Eisen-Molybdän-Legierungen in der Größenordnung von ca. 2% wird die Aktiv- und Passivierungsstromdichte abgesenkt, somit wird die Wirkung des Chroms in den obengenannten Legierungen unterstützt (Abb. 48). Durch die Absenkung der Aktivstromdichte ist eine Verbesserung der Korrosionsbeständigkeit sowohl in oxidierenden als auch in reduzierenden Medien zu erwarten.

Aufgrund der durch hohe Chrom- und Molybdängehalte, sowie die Zugabe von geringen Gehalten an Kupfer deutlich verbesserten gleichmäßig abtragenden Korrosion der Nickel-Chrom-Molybdän- bzw. Nickel-Chrom-Eisen-Molybdän-Legierungen im Vergleich zu Nickel, Nickel-Kupfer- und Nickel-Chrom- bzw. Nickel-Chrom-Eisen-Legierungen, wird auch der Einsatz dieser Werkstoffe bei höheren Lösungs- oder Säuretemperaturen möglich. Höhere Lösungs- bzw. Säuretemperaturen bewirken jedoch einen deutlichen Anstieg der Loch- und Spaltkorrosionsanfälligkeit.

Lochkorrosion entsteht in neutralen und alkalischen, aber vorzugsweise in sauren Lösungen, die Chlorid-, Iodid- und Bromidionen enthalten. Hauptversursacher der Lochkorrosion sind Chlorionen, nicht nur weil sie am häufigsten vorkommen, sondern weil sie am wirksamsten sind. Das Auftreten von Lochkorrosion ist mit einem lokalen, örtlich begrenzten Zusammenbruch der Passivschicht zu erklären. Es läßt sich ein kritisches Durchbruchspotential definieren, bei dessen Unterschreitung zu unedleren Potentialen kein Lochfraß mehr auftritt.

Wie aus Abb. 29 hervorgeht, vermindern Chromgehalte über 10% in Nickel-Legierungen die Passivstromdichte, hier bestimmt in 0,5molarer entlüfteter H_2SO_4 bei 25 °C, beträchtlich. Dieser Effekt kann sicher durch besser schützende Passivfilme und im Falle beginnenden örtlichen Angriffs durch bessere Ausheilung der Passivschicht in hoch chromhaltigen Legierungen erklärt werden.

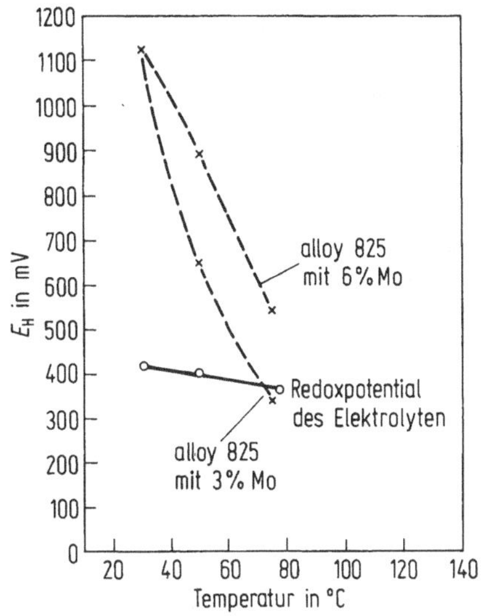

Abb. 49 Einfluß des Molybdängehaltes in *alloy 825* auf das Lochfraßpotential in gerührtem und belüftetem künstlichen Seewaser [70].

Eine Erhöhung des Molybdängehaltes in Nickel-Chrom-Eisen-Legierungen hat sich als besonders wirkungsvoll erwiesen (Abb. 49). Der Grund hierfür ist eine Verschiebung des Lochfraßpotentials zu edleren Werten.

Eine andere Art der lokalen Passivschichtschädigung ist die Spaltkorrosion, häufig hervorgerufen in chloridhaltigen Lösungen unter Stillstandsbedingungen, unter Ablagerungen und in Spalten. Hier kommt es zu einer örtlichen Aufkonzentration der Lösung bzw. Säure und damit zu verstärktem Angriff. Da die Spaltkorrosion im Vergleich zur Lochkorrosion durch örtlich aufkonzentrierte Lösungen bzw. Säuren hervorgerufen wird, ist zu erwarten, daß höhere Chrom- und Molybdängehalte im Vergleich zur Lochkorrosion erforderlich sind, um Spaltkorrosion zu vermeiden.

Um nun Legierungen bezüglich ihrer Empfindlichkeit gegenüber Loch- bzw. Spaltkorrosion einstufen zu können, hat sich die Prüfung in 10%-iger Eisen(III)-Chlorid-Lösung nach ASTM G-48 bewährt [96]. Dieser Test ermöglicht die Darstellung der kritischen Loch- bzw. Spaltkorrosionstemperatur, d. h. der Temperatur oberhalb der mit Loch- bzw. Spaltkorrosion in 10%-iger $FeCl_3$-Lösung gerechnet werden muß, in Abhängigkeit von der sogenannten Wirksumme. Die Wirksumme ist eine empirisch nach der Gleichung (26)

$$\text{Wirksumme} = \%\text{Cr} + 3{,}3 \cdot \%\text{Mo} \tag{26}$$

ermittelte Größe, die den gewichteten Einfluß der Legierungselemente Chrom und Molybdän beschreibt.

Abb. 50 zeigt deutlich, daß nicht nur ein eindeutiger Zusammenhang zwischen der Wirksumme der kritischen Loch- und Spaltkorrosionstemperatur gegeben ist, sondern bestätigt auch eindeutig aus der Praxis vorliegende Erfahrungen.

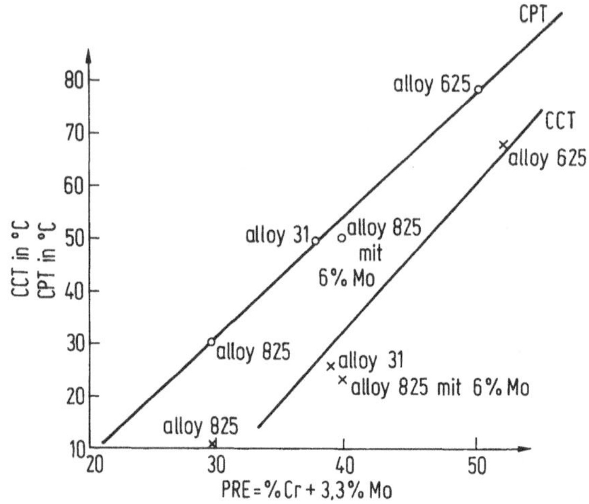

Abb. 50 Kritische Lochfraßtemperatur (CPT) und kritische Spaltkorrosionstemperatur (CCT) verschiedener Ni-Cr-Fe-Mo-Legierungen in 10%-iger $FeCl_3$-Lösung in Abhängigkeit vom kritischen Pitting-Äquivalent (PRE) [70].

Hiernach verhalten sich Legierungen mit hohen Chrom-, vor allen Dingen aber hohen Molybdängehalten, beständiger als Legierungen mit niedrigeren Gehalten an diesen Legierungselementen.

Durch die deutliche Erhöhung des Legierungsinhaltes, hauptsächlich durch Chrom, Molybdän, Eisen und Kupfer, können Nickellegierungen eine Veränderung in ihrer interkristallinen Korrosionsanfälligkeit erfahren. Interkristalline Korrosion wird hervorgerufen durch Chrom- bzw. Molybdänverarmungen an den Korngrenzen als Folge der Ausscheidungen von chrom- und molybdänreichen Phasen. Diese Ausscheidungen bilden sich in der Regel bereits nach kurzzeitigen Wärmebehandlungen im Temperaturbereich von 600 – 1000 °C, z. B. als Folge einer zu langsamen Abkühlung und durch das Wärmeeinbringen beim Schweißen. Die interkristalline Korrosionsanfälligkeit wird nach ASTM G-28 in einer Lösung aus Eisen(III)-Sulfat und Schwefelsäure ermittelt und in Form sogenannter Zeit-Temperatur-Sensibilisierungs-Diagramme dargestellt [97]. Hiernach gilt ein Werkstoff um so weniger anfällig gegenüber interkristalliner Korrosion, je weiter der Anfälligkeitsbereich im Zeit-Temperatur-Sensibilisierungs-Diagramm nach rechts, d. h. zu längeren Zeiten verschoben ist.

Bei den in Nickel-Molybdän- oder Nickel-Chrom-Molybdän-Legierungen beobachteten chrom- bzw. molybdänreichen Phasen kann es sich z. B. um die Ausscheidung intermetallischer TCP (*Topologically Closed Packed*)-Phasen wie z. B. der µ-Phase, chrom- oder molybdänreichen Carbiden des Typs $(Cr, Mo)_{23}C_6$ oder $(Cr, Mo)_7C_3$ handeln. Es ist oftmals nicht ausreichend wie z. B. bei den ELC (*Extra Low Carbon*)-Stählen eine Kohlenstoffobergrenze anzugeben, da nicht die absolute Höhe des Kohlenstoffgehaltes allein ausschlaggebend ist, sondern die Kohlenstoffaktivität, die nicht nur vom Kohlenstoffgehalt der Legierung, sondern auch von der Legierungszusammensetzung insgesamt abhängig ist.

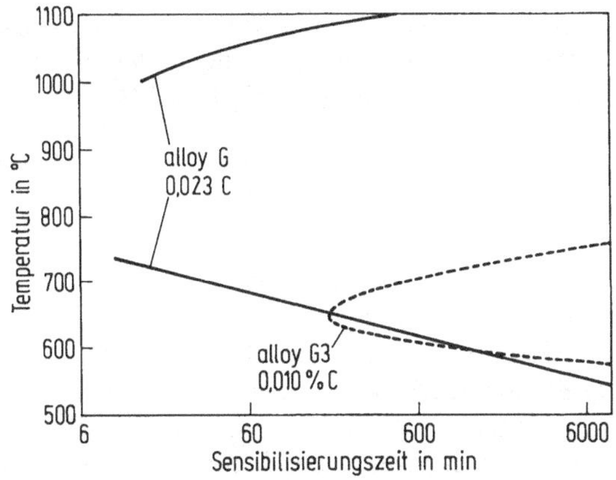

Abb. 51 Zeit-Temperatur-Sensibilisierungsverhalten von *alloy G* und *G-3* gemäß ASTM G-28 Test [71].

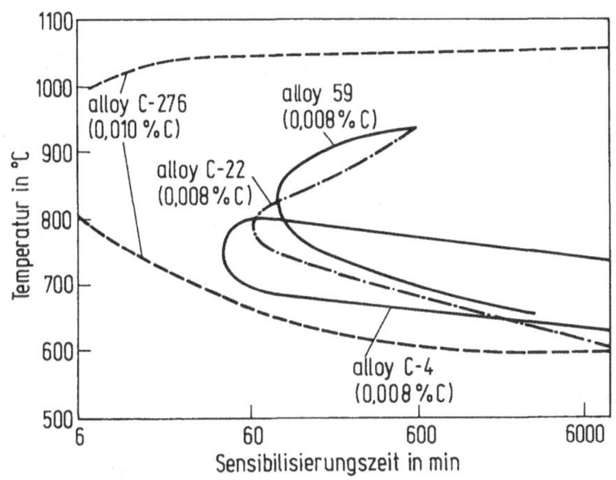

Abb. 52 Zeit-Temperatur-Sensibilisierungsverhalten von *alloy 59, C-276, C-22* und *C-4* gemäß ASTM G-28 Test [71].

So ist z. B. in Abb. 51 der nach ASTM G-28 ermittelte Sensibilisierungsbereich für die Legierung *alloy G* dargestellt. Eine Absenkung des Kohlenstoffgehaltes von 0,023% auf 0,01% mit einer Anhebung des Molybdängehaltes von ca. 3% auf ungefähr 6% in Legierung *G-3* führt hier zu einer deutlichen Verschiebung des Sensibilisierungsbereiches zu längeren Zeiten.

Ähnliches gilt für die Legierung *C-276*, die durch den für die vorliegende Zusammensetzung noch zu hohen Kohlenstoffgehalt und durch die Ausscheidung der intermetallischen µ-Phase gegenüber interkristalliner Korrosion stark anfällig ist. Die in Hinblick auf die hohe interkristalline Korrosionsanfälligkeit von *C-276* verbesserte Legierung *alloy C-4* zeigt durch einen abgesenkten Kohlenstoff- und angehobenen Nickelgehalt einen zu deutlich längeren Zeiten verschobenen Sensibilisierungsbereich (Abb. 52). Auch die Legierungen *alloy 59* und *alloy C-22*, die im

Nickel- und Molybdängehalt der Legierung *alloy C-276* entsprechen, zeigen durch Absenkung des Kohlenstoff- und Anhebung des Chromgehaltes ein Sensibilisierungsverhalten, das dem des *alloy C-4* entspricht [19, 40, 69–71].

5.1.2 Verhalten in Süßwasser

Nickel-Molybdän- und Nickel-Chrom-Molybdän-Legierungen sind beständig in den meisten Wässern, die Korrosionsrate liegt gewöhnlich niedriger als 0,025 mm/a. Die Belüftung übt keinen korrosionsbeschleunigenden Einfluß aus.

Im Gegensatz zu den Nickel-Chrom-Molybdän-Legierungen kann es bei den binären Nickel-Molybdän-Legierungen zu verstärktem Korrosionsangriff in sauren Minenwässern mit oxidierend wirkenden Eisen- oder Kupfersalzen kommen [69].

5.1.3 Verhalten in Meerwasser

Gegenüber Nickel zeichnen sich Nickel-Molybdän-Legierungen durch eine bessere Loch- und Spaltkorrosionsbeständigkeit aus. In ruhigem oder nur wenig bewegtem Meerwasser ist der allgemeine Korrosionsabtrag jedoch geringfügig höher als bei Nickel.

Nickel-Chrom-Molybdän-Legierungen weisen eine ausgezeichnete allgemeine Korrosionsbeständigkeit sowohl in ruhendem als auch stark bewegtem Meerwasser auf. Die Loch- und Spaltkorrosionsbeständigkeit übertrifft deutlich die des Nickels, der Nickel-Kupfer- und der Nickel-Chrom-bzw. Nickel-Chrom-Eisen-Legierungen [20, 69].

5.1.4. Verhalten in alkalischen Lösungen

Über die Beständigkeit von Nickel-Molybdän- und Nickel-Chrom-Molybdän-Legierungen in alkalischen Lösungen, wie z. B. NaOH, liegen nur wenige Werte vor. Hiernach ist beispielsweise die Nickel-Molybdän-Legierung *alloy B* bis zu Konzentrationen von 50% NaOH bis zum Dampfpunkt mit Korrosionsraten kleiner als 0,05 mm/a einsetzbar. Bei 60%-iger und 70%-iger siedender NaOH liegen die Korrosionsraten unterhalb von 0,5 mm/a.

Die Nickel-Chrom-Molybdän-Legierung *alloy C-276* weist bei Temperaturen oberhalb 100 °C bei NaOH-Konzentrationen bis zu 70% Korrosionsraten bis zu 0,5 mm/a auf, so daß ihr Einsatz bis zu 70%-iger NaOH sicherlich auf Temperaturen deutlich unter 100 °C beschränkt bleiben muß [22, 43, 44, 69].

5.1.5 Verhalten in neutralen und alkalischen Salzen

Nickel-Molybdän-Legierungen sind in den meisten nicht oxidierenden neutralen und alkalischen Salzlösungen bei Temperaturen oberhalb von Raumtemperatur beständig. Da die Anwesenheit von oxidierend wirkenden alkalischen bzw. sauren

Salzen wie Natrium- und Calciumhypochlorit bzw. Kupfer- und Eisenchlorid zu starkem von Lochkorrosion begleitetem Korrosionsangriff führt, muß in solchen Lösungen der freie Chlorgehalt auf maximal 1000 ppm begrenzt werden.

Nickel-Chrom-Molybdän-Legierungen, wie z. B. *alloy C-276*, *C-4* und *59*, sind durch hohe Chromgehalte in Verbindung mit Molybdängehalten von ca. 16% ausgezeichnet beständig in neutralen und alkalischen Salzen, selbst bei Anwesenheit von oxidierend wirkenden alkalischen Salzen wie Natrium- und Calciumchlorid und oxidierend wirkenden sauren Salzen wie Kupfer- und Eisenchlorid bleibt die Korrosionsbeständigkeit in einem weiten Bereich erhalten [69].

5.1.6 Verhalten in oxidierend wirkenden Lösungen und Säuren

Da Chrom in oxidierend wirkenden Säuren, wie z. B. Salpetersäure, das wichtigste Legierungselement zum Aufbau der Passivschicht im vorliegenden Medium ist, können chromfreie Nickel-Molybdän-Legierungen wie z. B. *alloy B-2* in Salpetersäure nicht eingesetzt werden.

Wie der Vergleich von *C-276* mit *C-4* zeigt, scheint Wolfram, bei gleichem Chrom- und Molybdängehalt der Legierung einen negativen Einfluß auf die Korrosionsbeständigkeit in Salpetersäure zu haben.

Wie in Abb. 33 zu sehen ist, bringt eine Absenkung des Molybdängehaltes von 13,5% bzw. eine Anhebung des Chromgehaltes von 21% (*alloy C-22*) auf 5,5% Molybdän bzw. 29,5% Chrom (*alloy G-30*) eine signifikante Verbesserung der Korrosionsbeständigkeit bis zu Säurekonzentrationen von 70%. Reduziert man den Molybdängehalt auf 0%, gelangt man zur bereits beschriebenen Nickel-Chrom-Eisen-Legierung *alloy 690*, die im Konzentrationsbereich bis 70% HNO_3 bei allen Temperaturen bis zum Dampfpunkt mit Korrosionsraten kleiner 0,13 mm/a einsetzbar ist.

Gegenüber den Nickel-Chrom-Eisen-Legierungen weisen die molybdänhaltigen Nickel-Chrom-Legierungen, vor allem jene mit Kupferzusätzen, Vorteile in Mischsäuren wie z. B. Schwefel- und Salpetersäure, wie sie bei der Herstellung von Schwefelsäure und bei Nitrierungsreaktionen vorkommen, auf [19, 45, 69].

5.1.7 Verhalten in nicht oxidierend wirkenden Lösungen und Säuren

Nickel-Molybdän-Legierungen, wie z. B. *alloy B-2*, können in unbelüfteter Schwefelsäure bei allen Konzentrationen bis zu 100 °C mit Korrosionsraten von weniger als 0,5 mm/a eingesetzt werden. In siedender Schwefelsäure ist *alloy B-2* bis zu 60%-iger H_2SO_4 beständig. Bei höheren Konzentrationen wird die siedende Säure oxidierend und führt zu starker Korrosion an Nickel-Molybdän-Legierungen.

Belüftung führt, besonders im Konzentrationsbereich von 5–10%-iger H_2SO_4, zu einer starken Zunahme der Korrosionsrate.

Die Anwesenheit von oxidierenden Salzen, schon in geringen Mengen wie Nitraten, Chromaten, Permanganaten, Chloraten, Eisensalzen und in besonderem Maße Kupfersalzen, führt zu einer so deutlichen Steigerung der Korrosionsrate, daß die

Anwesenheit dieser Salze entweder gänzlich zu vermeiden oder auf sehr geringe Gehalte zu beschränken ist.

Auch die Anwesenheit von Chloridionen führt zu einer Verschlechterung der Korrosionsbeständigkeit.

Wie Abb. 53 ausweist, sind Nickel-Chrom-Molybdän-Legierungen mit ca. 13,5–16,5% Molybdän, wie *alloy C-276*, *C-22*, *C-4* und *59*, aufgrund ihres im Vergleich zu alloy B-2 ca. halbierten Molybdängehaltes deutlich unbeständiger in Schwefelsäure als *alloy B-2*. Sie sind über den gesamten Konzentrationsbereich der Säure nur bis zu ca. 75 °C mit Korrosionsraten von 0,5 mm/a einsetzbar.

Die Legierungen mit ca. 5,5–9% Molybdän, wie *G-3*, *G-30*, *625*, weisen bis zu 70%-iger H_2SO_4 die gleichen Korrosionsraten von 0,5 mm/a wie die Legierungen mit 13,5–16,5% Molybdän auf. Höhere Säurekonzentrationen lassen bei gleicher Korrosionsrate nur maximale Temperaturen von ca. 35–40 °C zu.

Trotz eines Molybdängehaltes von nur 3% verhält sich die Legierung *825* über den gesamten Konzentrationsbereich der Säure ähnlich gut wie die Legierungen mit 13,5–16,5% Molybdän.

Die Anwesenheit von oxidierenden Salzen führt bei Nickel-Chrom-Molybdän-Legierungen zu keiner deutlichen Verschlechterung des Korrosionsverhaltens, vielmehr wird zum Teil sogar die Passivierung durch diese Zusätze unterstützt. Chloridionen führen ebenso wie bei Nickel-Molybdän-Legierungen zur Verschlechterung der Korrosionsbeständigkeit [20, 23–24, 45, 69].

In Salzsäure steigt die Korrosionsbeständigkeit sowohl von Nickel-Molybdän- als auch von Nickel-Chrom-Molybdän-Legierungen mit wachsendem Molybdängehalt der Legierung. Aus diesem Grunde weist die Nickel-Molybdän-Legierung

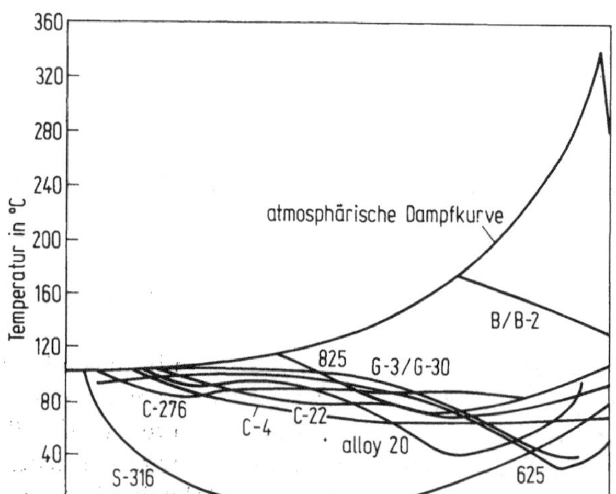

Abb. 53 Korrosionsverhalten verschiedener Nickelbasislegierungen in H_2SO_4 unterschiedlicher Konzentration in Abhängigkeit von der Temperatur.
Die Isokorrosionslinien geben eine Korrosionsrate von 0,5 mm/a an [45].

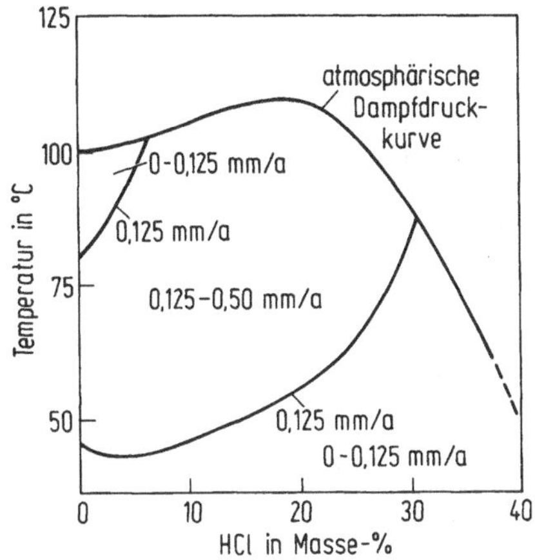

Abb. 54 Korrosionsverhalten von *alloy B-2* in HCl unterschiedlicher Konzentration in Abhängigkeit von der Temperatur [41].

B-2 die höchste Beständigkeit aller Nickel-Basislegierungen in unbelüfteter Salzsäure auf. Durch Belüftung der Säure steigt die Korrosionsrate mit einem Maximum zwischen 5 und 10%-iger HCl. Höhere Säurekonzentrationen führen aufgrund niedriger Sauerstofflöslichkeiten zu geringeren Korrosionsraten bei niedrigen Säuretemperaturen.

Die Nickel-Molybdän-Legierung *B-2* wird besonders für den Einsatz im Temperaturbereich von 70 – 110 °C empfohlen. Die Korrosionsrate übersteigt selbst hier unter den schärfsten Bedingungen 20%-iger siedender Salzsäure nicht 0,5 mm/a. Wie in Abb. 54 gezeigt wird, führen deutlich abgesenkte Temperaturen aus den bereits oben beschriebenen Gründen, wieder zu Korrosionsraten kleiner als 0,125 mm/a. Eisen-, Kupfer- und andere oxidierende Salze führen zu beträchtlicher Erhöhung der Korrosionsrate, so daß diese Zusätze entweder ganz vermieden oder auf sehr kleine Mengen beschränkt werden müssen. Im Gegensatz zu den Nickel-Molybdän-Legierungen weisen die Nickel-Chrom-Molybdän-Legierungen eine gute Beständigkeit bei Anwesenheit dieser Salze auf. Ihre allgemeine Korrosionsbeständigkeit in Salzsäure ist bei Raumtemperatur bei allen Konzentrationen gut. Ein Einsatz bis 50 °C ist möglich, hier sind jedoch, wenn nicht *alloy B-2* eingesetzt wird, Legierungen mit Molybdängehalten von ca. 16,5% wie z. B. *C-276* gegenüber Legierungen wie *alloy G* oder *625* mit nur 6,5 bzw. 9% Molybdän zu bevorzugen (Abb. 55) [25 – 28, 41, 45, 69].

Über die Korrosionsbeständigkeit von Nickel-Molybdän-Legierungen in Flußsäure liegen sehr unterschiedliche Angaben vor. So wird z. B. von W. Z. Friend eine Beständigkeit bis 100 °C in unbelüfteter Säure bei allen Konzentrationen vermutet, während andere Autoren nur eine Beständigkeit bei Raumtemperatur ausweisen.

Hohe Korrosionsraten treten bei der siedenden azeotropischen Lösung auf.

Eine Belüftung der Säure führt zu einem Anstieg des Korrosionsabtrages.

Nickel-Chrom-Molybdän-Legierungen sind ebenfalls bei Raumtemperatur über den gesamten Konzentrationsbereich der Säure beständig. Die Abtragsraten liegen hier

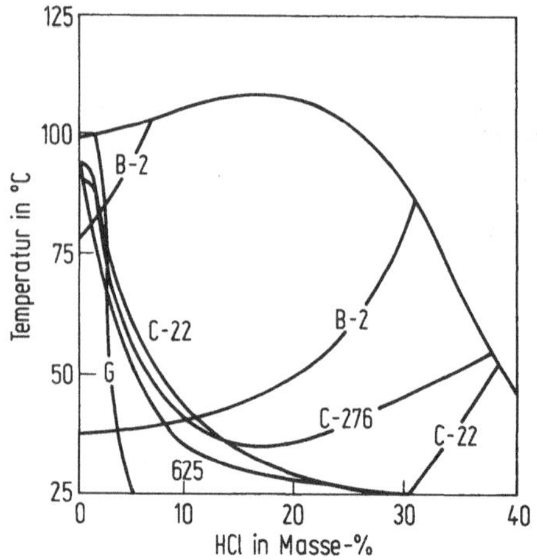

Abb. 55 Korrosionsverhalten von Nickelbasislegierungen in HCl unterschiedlicher Konzentration in Abhängigkeit von der Temperatur.
Die Isokorrosionslinien geben Korrosionsraten von 0,13 mm/a an [45].

jedoch im Durchschnitt etwas höher als bei der Nickel-Molybdän-Legierung *B-2*. Untersuchungen in 2%-iger bzw. 5%-iger HF bei 70 °C und bei Siedetemperatur weisen ein geringfügig besseres Verhalten der Legierungen *C-276* und *C-22* gegenüber *C-4* und *625* auf. Die Anwesenheit von Sauerstoff führt bei *alloy C-276* zu einer deutlichen Verschlechterung der Korrosionsbeständigkeit. Dieser Effekt ist bei 50%-iger HF wesentlich deutlicher ausgeprägt als bei 65%-iger HF [29, 69].

In unbelüfteter Phosphorsäure weisen Nickel-Molybdän-Legierungen wie *alloy B-2* über den gesamten Konzentrationsbereich der Säure bis 65 °C eine ausgezeichnete Korrosionsbeständigkeit auf. In siedender Säure ist *alloy B-2* beständig bis zu Säurekonzentrationen von 50%. Bei Temperaturen oberhalb des Siedepunktes, wie z. B. bei 190 °C im Autoklavenversuch, ist der Einsatz des Werkstoffes auf sehr niedrige Säurekonzentrationen beschränkt (Abb. 56).

Nickel-Molybdän-Legierungen sind nicht korrosionsbeständig in bis zu 85%-iger über das Naßaufschlußverfahren mit H_2SO_4 hergestellter H_3PO_4. Dagegen ist ein Einsatz in Gemischen aus Polysulfaten und der sogenannten Superphosphorsäure, die bei der Eindampfung von 85%-iger Orthophosphorsäure entsteht, zum Teil bis zu Temperaturen von 260 °C möglich.

Die Korrosion von Nickel-Molybdän-Legierungen kann durch einen hohen Belüftungsgrad, besonders bei erhöhten Temperaturen, vergrößert werden.

Nickel-Chrom-Molybdän-Legierungen weisen eine gleich gute allgemeine Korrosionsbeständigkeit auf wie die Nickel-Molybdän-Legierungen, so daß für sie gleiche Einsatzgrenzen vorgegeben werden können.

Bei der Anwesenheit von Chloriden, Fluoriden und Sulfiden, die mit einem starken Anstieg der Korrosionsrate verbunden ist, weisen Nickel-Chrom-Molybdän-Legierungen, die aufgrund ihres Chromgehaltes passivierbar sind, Vorteile auf [19–20, 30–32, 69].

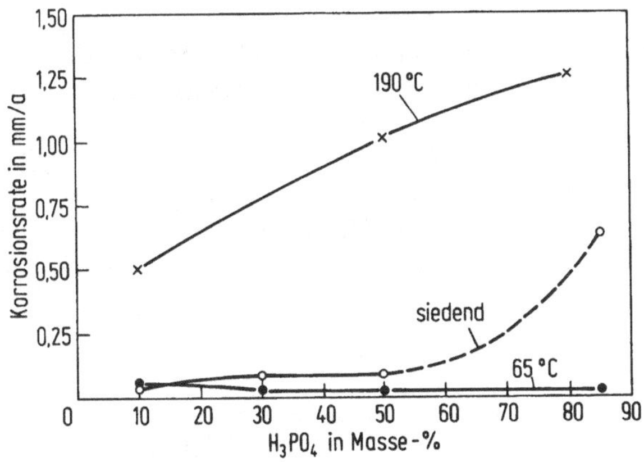

Abb. 56 Korrosionsverhalten von *alloy B-2* in Phosphorsäure unterschiedlicher Konzentrationen in Abhängigkeit von der Temperatur [69].

5.1.8 Verhalten in organischen Lösungen und Säuren

Sowohl Nickel-Molybdän- als auch Nickel-Chrom-Molybdän-Legierungen sind in unbelüfteter Essigsäure über den gesamten Konzentrationsbereich bis zum Siedepunkt der Säure einsetzbar. Selbst unter korrosivsten Bedingungen, in 10–50%-iger siedender Säure, werden Korrosionsraten von 0,15 mm/a nicht überschritten. Der Einfluß der Belüftung auf die Korrosionsrate ist sehr gering.

Ameisensäure bewirkt höhere Korrosionsraten sowohl bei Nickel-Molybdän- als auch bei Nickel-Chrom-Molybdän-Legierungen im Vergleich zu Essigsäure. Dennoch ist ein Einsatz in der unbelüfteten Säure über den gesamten Konzentrationsbereich bis zum Siedepunkt möglich, wobei mit den höchsten Korrosionsraten bei 10–50%-iger siedender Säure mit kleiner als ca. 0,3 mm/a gerechnet werden muß. Der korrosionsverstärkende Effekt der Belüftung ist in diesem Konzentrationsbereich besonders signifikant.

In den unbelüfteten hochmolekularen Säuren wie z. B. Oxal- und Milchsäure sind die Korrosionsraten gewöhnlich niedriger als in Ameisensäure.

In Fettsäuren wie Olein- und Stearinsäure können Nickel-Molybdän- und Nickel-Chrom-Molybdän-Legierungen bis zu 290 °C eingesetzt werden [49, 69].

5.2 Verhalten in Gasen

5.2.1 Grundlagen der Oxidation

Geringe Zusätze von Molybdän zu Nickel verschlechtern entsprechend der *Wagnerschen Zundertheorie* die Oxidationsbeständigkeit von Nickel, da bei der homogenen Auflösung von Molybdänoxid in Nickeloxid die Kationenleerstellenzahl nach Gl. (27) zunimmt [92]:

$$MoO_2 \rightleftharpoons Mo_{Ni}^{2+} + V_{Ni}^{2-} + 2O_0 \tag{27}$$

Das vierwertige Molybdän in MoO_2 führt auf einem Nickelionenplatz zu zwei positiven Überschußladungen, die aufgrund der Aufrechterhaltung der Elektroneutralität des Oxidkristalls durch eine nach außen zweifach negative Kationenleerstelle kompensiert werden.

Molybdängehalte von ca. 20% führen wieder zu einem Abfall der Oxidationsgeschwindigkeit, da die hohen Gehalte an gebildetem Molybdänoxid nicht mehr im Nickeloxid löslich sind und es nach Gl. (28) zum Aufbau einer Nickelmolybdatschicht kommt, die NiO auf der Gasseite von MoO_2 auf der Metallseite voneinander trennt:

$$3MoO_2 + 2NiO \rightleftharpoons 2NiMoO_4 + Mo \qquad (28)$$

Die Reaktion beinhaltet die Disproportionierung des thermodynamisch instabileren Molybdänoxids durch das thermodynamisch stabilere Nickeloxid unter teilweiser Reduktion zu Mo und Bildung von Molybdat. Das Nickelmolybdat $NiMoO_4$ ist bis zu 1150 °C stabil. Da $NiMoO_4$ jedoch beim Abkühlen von Temperaturen oberhalb von 750 °C einer polymorphen Umwandlung unterliegt, die mit einer Volumenzunahme verbunden ist, kommt es aufgrund der hierdurch induzierten Spannungen zu Abplatzungen der Oxidschicht.

Ob nun der hierdurch oder durch Abplatzvorgänge anderen Ursprungs mögliche Sauerstoffzutritt die Bildung des MoO_2-MoO_3-Eutektikums bewirkt oder ob das Auftreten des schmelzflüssigen Eutektikums durch die Einwärtsdiffusion des Sauerstoffs hervorgerufen wird und die beobachteten Risse nur ein sekundärer Effekt sind, wird von verschiedenen Autoren unterschiedlich bewertet.

Die Bildung von MoO_3 läuft dabei nach Gl. (29) ab:

$$Mo(s) + 3/2O_2(g) \rightleftharpoons MoO_3(l)^* \qquad (29)$$

Der Schmelzpunkt von MoO_3 liegt bei 795 °C. Da das Oxid gleichzeitig über einen sehr hohen Dampfdruck verfügt, kann es zu folgenden Schädigungen kommen:

- starke mit steigender Gasgeschwindigkeit wachsende Metallverluste durch Abdampfen von $MoO_3(g)$
- Oxidabplatzungen durch die Volumenzunahme beim Auftreten von MoO_3 (l) und dadurch bedingte Beschleunigung der Oxidationsvorgänge
- Beschleunigung der Oxidationsvorgänge durch die über die flüssige Phase bedeutend schneller ablaufenden Diffusionsvorgänge
- Absenkung des Schmelzpunktes von MoO_3 durch Bildung des bei 778 °C schmelzenden MoO_2-MoO_3-Eutektikums.

Zusätze von Chrom zu Nickel-Molybdän-Legierungen führen zu einer Verbesserung der Oxidationsbeständigkeit der Legierung. So wurde z. B. in einer Nickel-Molybdän-Legierung mit 20% Molybdän bereits bei einem Zusatz von 5% Chrom eine deutliche Verbesserung der Oxidationsbeständigkeit beobachtet. Bei 7% Chrom traten keine Oxidabplatzungen beim Abkühlen von 815 °C auf Raumtemperatur mehr auf. Das Oxid, das gefunden wurde, bestand hauptsächlich aus Chromoxid [33–37].

---

* s: solid g: gaseous l: liquid

5.2.2 Verhalten in oxidierenden Gasen

Durch Zulegieren von bis zu 30 Massen-% Molybdän zu Nickel ist bis zu 1000 °C unter isothermen Bedingungen keine Verschlechterung der Oxidationsbeständigkeit zu beobachten.

Unter praxisnäheren zyklischen Prüfbedingungen kommt es jedoch bereits bei Temperaturen oberhalb von 650 °C zu sehr starken Oxidabplatzungen. Der Grund hierfür ist die mit der polymorphen Umwandlung des $NiMoO_4$ einhergehende starke Volumenänderung. Beständigkeiten bis 815 °C lassen sich erzielen durch Reduzierung des Molybdängehaltes auf 20% und Zugaben von Chrom zwischen 7 und 10%.

Da jedoch in der Praxis Beständigkeiten bis zu 1100 °C gefordert werden, weisen die kommerziellen oxidationsbeständigen warmfesten Ni-Cr-Mo-Legierungen nur bis ca. 10% Molybdän bei Chromgehalten von 20% und mehr auf.

Wie Tabelle 11 zeigt, weisen diese Legierungen (*alloy 617, X, 333*) in der Tat selbst bei Temperaturen zwischen 1000 °C und 1100 °C eine ausgezeichnete Oxidationsbeständigkeit auf, während die Legierung *59* mit 16% Molybdän und die Legierung *625* mit 10% Molybdän und ca. 4% Niob diese hohen Beständigkeiten bei weitem nicht erreichen [33, 37].

Tab. 11 Oxidationsbeständigkeit von Ni-Cr-Mo-Legierungen bei zyklischer Beanspruchung in Luft im Temperaturbereich von 750–1100 °C* (eigene bisher nicht veröffentlichte Untersuchungsergebnisse)

Werkstoff	Oxidationsrate in g/(m²h)			
	750 °C	850 °C	1000 °C	1100 °C
alloy 617	+ 0,004	+ 0,011	+ 0,009	– 0,015
alloy 333	+ 0,003	+ 0,012	– 0,064	–
alloy 59	+ 0,002	+ 0,009	–	– 0,250
alloy 625	+ 0,001	+ 0,006	– 0,100	– 0,786
alloy X	+ 0,001	+ 0,007	+ 0,005	– 0,010

* Versuchsdauer 1000 h, wenn die Oxidationsbeständigkeit der Legierung es zuließ. Versuchszyklus 24 h (4 h Aufheizung, 16 h Haltezeit, 4 h Abkühlung)

5.2.3 Verhalten in aufkohlenden Gasen

Ni-Cr-Mo-Legierungen zeigen mit Massenzunahmen kleiner gleich 0,2 g/m²h im zyklischen Aufkohlungsversuch in einem reduzierend wirkenden CH_4/H_2-Gasgemisch gute Beständigkeiten bis 1000 °C (Tab. 12).

Lediglich die Legierung *59* mit ca. 16% Molybdän schneidet etwas schlechter ab.

Auch unter oxidierend wirkenden aufkohlenden Atmosphären, wie z. B. in Kohlendioxid, wird für Ni-Cr-Mo-Legierungen mit ca. 10% Molybdän eine gute Aufkohlungsbeständigkeit im Temperaturbereich von 704 °C–982 °C gefunden. Unter

Tab. 12 Aufkohlungsverhalten von Ni-Cr-Mo-Legierungen bei zyklischer Beanspruchung in CH_4/H_2 mit $a_c = 0,8$ im Temperaturbereich von 750 – 1000 °C* [101]

Werkstoff	Korrosionsrate in $g/(m^2h)$		
	750 °C	850 °C	1000 °C
alloy 617	+ 0,016	+ 0,05	+ 0,06
alloy 333	+ 0,003	+ 0,08	+ 0,19
alloy 59	–	+ 0,11	+ 0,26
alloy 625	+ 0,011	+ 0,11	+ 0,16
alloy X	+ 0,004	+ 0,10	+ 0,20

* Versuchsdauer 1000 h
Versuchszyklus 24 h (4 h Aufheizung, 16 h Haltezeit, 4 h Abkühlung)

diesen Bedingungen ist jedoch zu erwarten, daß Legierungen mit höheren Molybdängehalten, aufgrund des wachsenden Einflusses der Oxidation auf die Korrosionsbeständigkeit, ein deutlich schlechteres Verhalten zeigen [33, 37, 48 – 55].

5.2.4 Verhalten in aufstickenden Gasen

Die Beständigkeit von Ni-Cr-Mo-Legierungen in aufstickenden Medien hängt entscheidend von dem Prüfmedium ab. So weisen Ni-Cr-Mo-Legierungen in Ammoniak nur bis 316 °C eine befriedigende Korrosionsbeständigkeit auf, während in gecracktem Ammoniak bis zu 815 °C nur eine geringe Gewichtsänderung zu beobachten war.

Auch in reinem Stickstoff zeigen die Ni-Cr-Mo-Legierungen eine gute Beständigkeit, die der Ni-Cr- bzw. Ni-Cr-Fe-Legierungen nicht nachsteht. Ebenso wie bei den Ni-Cr- bzw. Ni-Cr-Fe-Legierungen scheint bei den Ni-Cr-Mo-Legierungen der Legierungsgehalt an stabilen Nitridbildnern wie z. B. Aluminium und Titan von Bedeutung zu sein. So zeigte z. B. die Legierung *alloy X*, die nicht mit Aluminium und Titan legiert ist, in Stickstoff mit 0,5 Vol.-% O_2 bei 955 °C eine ausgezeichnete Korrosionsbeständigkeit und nur einen geringen Duktilitätsverlust, während eine unter gleichen Bedingungen geprüfte aushärtbare Ni-Cr-Mo-Legierung mit 2,5% Aluminium und 2,0% Titan aufgrund massiver Al- und Ti-Nitridausscheidungen sehr stark versprödete [33, 37, 69].

5.2.5 Verhalten in aufschwefelnden Gasen

Ebenso wie Ni-Cr- bzw. Ni-Cr-Fe-Legierungen sind Ni-Cr-Mo-Legierungen bei hohen Temperaturen beständiger gegen oxidierend wirkende sulfidierende Gase wie z. B. Schwefeldioxid und -trioxid als gegenüber reduzierend wirkenden Sulfiden.

Die hierfür verantwortlichen Mechanismen sind die gleichen wie sie auch für Ni-Cr- bzw. Ni-Cr-Fe-Legierungen in Abschnitt 4.2.5 beschrieben worden sind. Es ist jedoch zu erwarten, daß mit steigendem Sauerstoffpartialdruck und bei höheren Temperaturen, aufgrund des steigenden Anteils der Oxidation am Korrosionsvorgang, die Ni-Cr-Mo-Legierungen bei vergleichbarem Cr-Gehalt, durch ihr im Vergleich zu den Ni-Cr-Legierungen etwas schlechteren Oxidationsverhaltens, tendenziell weniger gut abschneiden [33, 37, 56–62, 69].

5.2.6 Verhalten in halogenierenden Gasen

Im Gegensatz zu Ni-Cr- bzw. Ni-Cr-Fe-Legierungen weisen Ni-Mo- und Ni-Cr-Mo-Legierungen in reduzierend wirkenden chlorierenden Gasgemischen eine bessere Beständigkeit auf als in oxidierend wirkenden chlorierenden Gasgemischen. Entscheidend hierfür ist ein ausreichend hoher Molybdängehalt. So kann man Tabelle 13 entnehmen, daß die Legierung *alloy B-2* in H_2 + 10% HCl selbst bei 850 °C eine ausgezeichnete Beständigkeit aufweist, auch *alloy 59* mit 16% Molybdän zeigt bei 850 °C nur eine geringe Korrosionsrate, während *alloy 625* mit nur 10% Molybdän mit – 0,203 g/m²h bei 850 °C nicht mehr einsetzbar ist.

In oxidierend wirkenden chlorierenden Gasgemischen zeigen die hochmolybdänhaltigen Legierungen bereits bei 750 °C eine schlechte Beständigkeit (Tab. 14).

Tab. 13 Zyklische Chlorierungsversuche von Ni-Mo- und Ni-Cr-Mo-Legierungen in H_2 + 10% HCl im Temperaturbereich von 650–850 °C* [102]

Werkstoff	Korrosionsrate in g/(m²h)		
	650 °C	750 °C	850 °C
alloy B-2	–	+ 0,002	+ 0,013
alloy 59	– 0,001	– 0,012	– 0,066
alloy 625	– 0,013	+ 0,002	– 0,203

* Versuchsdauer 1000 h
Versuchszyklus 24 h (4 h Aufheizung, 16 h Haltezeit, 4 h Abkühlung)

Tab. 14 Zyklische Chlorierungsversuche von Ni-Mo- und Ni-Cr-Mo-Legierungen in 0,25% Cl_2 + 20% O_2 + Ar im Temperaturbereich von 750–850 °C* (eigene bisher unveröffentlichte Untersuchungsergebnisse)

Werkstoff	Korrosionsrate in g/(m²h)	
	750 °C	850 °C
alloy B-2	– 0,501	– 3,642
alloy 59	– 0,179	– 0,593
alloy C-4	– 0,032	– 0,640

* Versuchsdauer 1000 h
Versuchszyklus 24 h (4 h Aufheizung, 16 h Haltezeit, 4 h Abkühlung)

Lediglich *alloy C-4* ist, vermutlich aufgrund seines hohen Nickelgehaltes, trotz seiner ca. 16% Molybdän unter den vorliegenden Prüfbedingungen noch bei 750 °C einsetzbar.

Ni-Mo- und Ni-Cr-Mo-Legierungen zeigen in Fluorwasserstoff ähnliche Korrosionsraten wie in Chlorwasserstoff. Ebenso wie bei den Ni-Cr- bzw. Ni-Cr-Fe-Legierungen dürfte die Beständigkeit eher etwas besser ausfallen, da die sich unter reduzierend wirkenden fluorierenden Gasgemischen bildenden Fluoride aufgrund höherer thermodynamischer Beständigkeit, höheren Schmelzpunktes und niedrigeren Dampfdruckes eine bessere Schutzwirkung ausüben als die korrespondierenden Chloride [63–67, 69].

Ni-Mo- und Ni-Cr-Mo-Legierungen sind in Fluorwasserstoff deutlich beständiger als in Fluor. Die maximalen Einsatztemperaturen von Ni-Mo- und Ni-Cr-Mo-Legierungen in Fluor dürften mit den von Ni-Cr- bzw. Ni-Cr-Fe-Legierungen vergleichbar sein [69].

Über die Beständigkeit von Ni-Mo- bzw. Ni-Cr-Mo-Legierungen in Ioddampf liegen nur Kurzzeituntersuchungsergebnisse vor. Eine Extrapolation dieser Ergebnisse zu längeren Zeiten ergibt maximale Einsatztemperaturen, die, ebenso wie bei den Ni-Cr- bzw. Ni-Cr-Fe-Legierungen, deutlich unterhalb von 450 °C angesiedelt werden müssen [69].

5.3 Typische Anwendungsbeispiele

Die gute Beständigkeit der Nickel-Chrom-Molybdän-Legierungen in reduzierenden Säuren, bei gleichzeitiger Anwesenheit von Chloriden und oxidierenden Salzen, haben für ein weites Anwendungsspektrum dieser Legierungsgruppe gesorgt. Hohe Warmfestigkeit bei gleichzeitiger hoher Korrosionsbeständigkeit in oxidierenden, aufkohlenden und aufstickenden Gasen hoher Temperatur haben diesen Werkstoffen den Namen *Superalloys* eingebracht.

Die Anwendung von binären Nickel-Molybdän-Legierungen dagegen beschränkt sich fast ausschließlich auf den Umgang mit reduzierenden Säuren, ohne Verunreinigungen oxidierender Salze.

Im folgenden nun einige Beispiele für die Anwendung von Ni-Cr-Mo und Ni-Mo-Legierungen:

1) Chemische Industrie
   - Salpetersäurekondensatoren
   - Produktion von Kunstdünger
   - Herstellung von Sulfonamiden
   - Chlorierungsprozesse
   - Prozesse in Salzsäure und nicht oxidierenden sauren Chloriden (nur Ni-Mo-Legierungen)
   - Destillation, Kondensation, Wiedergewinnung, Lagerung und Transport von Salzsäure, sowie Handhabung von feuchtem Chlorwasserstoff (nur Ni-Mo-Legierungen)

- Verwendung bei Friedel-Crafts-Alkylierungsreaktionen mit Aluminiumchloridkatalysatoren (nur Ni-Mo-Legierungen)
- Isomerisierung von Paraffinen mit Aluminium- oder Antimonkatalysatoren (nur Ni-Mo-Legierungen)
- Anlagen und Einrichtungen für organische Chlorierungsreaktionen
- Anlagen zur Herstellung von Phosphorsäure nach dem Naßaufschlußverfahren
- Lager- und Transportbehälter für chemische Abfälle

2) Petrochemische Industrie
- Reformerprozesse
- Behandlung von sauren Schlämmen
- Behandlung von Kohlenwasserstoffen bei Anwesenheit von Phosphorsäure

3) Energietechnik
- Überhitzerrohre
- Brennelementbehandlung
- Einbauten in Rauchgasentschwefelungsanlagen wie z. B. im Rohgaseintrittsbereich von Sprühabsorbern, des weiteren Quencher, Schieber, Wärmetauscherrohrbündel, Ventilatoren und -gehäuse
- Wärmetauscher in Kohlevergasungs- und -verbrennungsanlagen
- Rohre, Auskleidungen, Wärmetauscher und Bohrgestänge in schwefelsauren Medien der Erdölindustrie
- Ofeneinbauten in der Müllpyrolyse und -verbrennungsanlagen

4) Meerestechnik
- Anwendungen, wo keine Lochkorrosion oder Anlaufen des Bauteils auftreten darf
- Wärmetauscher mit Meerwasser erhöhter Temperatur

5) Textil- und Papierindustrie
- Holzbreiaufbereitungsbehälter
- Produktion von synthetischen Fasern
- Bleichoperationen
- Viskosespinnräder
- Cellophanfällungsbäder
- Gasreinigungssysteme, Lüfter und Rohrleitungen bei der Papierherstellung

6) Wärmebehandlungsanlagen
- Ofenbauteile für die Gasaufkohlung
- Strahlrohre für die indirekte Beheizung
- Keramikbrennöfen
- Sinteröfen

7) Sonstige
- Heizschlangen und Rohrleitungen in mit Schwefelsäure betriebenen Beizeinrichtungen
- Brennkammerauskleidung von fliegenden und stationären Gasturbinen
- Abgas- und Schubumkehrklappen in Strahltriebwerken
- Nachbrenner in militärischen Düsenflugzeugen

6 Cobalt und Cobalt-Basislegierungen

6.1 Verhalten in wässrigen Lösungen und Salzen

6.1.1 Elektrochemisches Verhalten

In der elektrochemischen Spannungsreihe steht Cobalt links vom Wasserstoff. Für das Gleichgewichtspotential Co/Co^{2+} werden in der Literatur Werte von – 0,15 V bis – 0,30 V angegeben. Damit ist Cobalt in seinem elektrochemischen Verhalten mit Nickel vergleichbar.

Anodische Polarisationsmessungen in 0,05 – 5molarer Schwefelsäure an verschiedenen Co-Cr-Legierungen zeigen den schon für Nickel beschriebenen Aktiv-, Passiv- und Transpassivübergang. Einige Co-Basislegierungen zeigen zwei Aktivbereiche, die von einigen Autoren auf die selektive Auflösung der epsilon- und sigma-Phase zurückgeführt werden. Mit zunehmendem Co-Gehalt steigt die Passivstromdichte von $1 \cdot 10^{-6}$ A/cm² für 0% Cobalt auf 0,1 A/cm² für 100% Cobalt an, gleichzeitig verliert der Passivbereich seine signifikante Ausprägung [72, 73].

6.1.2 Verhalten in alkalischen Lösungen

Nach I. V. Pyatnitskii ist Cobalt in NaOH bis 500 – 600 °C als beständig anzusehen. Auch nach F. Ritter ist Cobalt in NaOH beständig; Stellite (bei Stelliten handelt es sich um gegossene Cobalt-Chrom-Wolfram-Legierungen, die aus 2 – 3% C, 35 – 55% Co, 25 – 35% Cr, 10 – 25% W, 0 – 10% Fe bestehen, wobei Cobalt z. T. durch Nickel und Wolfram, teilweise durch Molybdän, Vanadium, Titan und Tantal ersetzt werden kann [98]) zeigen in 10%-iger NaOH bei Siedetemperatur nur einen geringen Angriff [12, 74].

6.1.3 Verhalten in oxidierend wirkenden Lösungen und Säuren

Während Co-Legierungen in verdünnter Salpetersäure bei Raumtemperatur nur langsam oxidiert werden – hierbei wird die Säure zu Stickstoff, Stickstoffdioxid, Stickstoffoxid und Ammoniak reduziert – ist Cobalt generell nicht einsetzbar [12].

Auch in roter, rauchender Salpetersäure mit 6,5% NO_2 sind die Co-Basislegierungen beständig. Eine Temperaturerhöhung auf 120 – 150 °C führt jedoch, je nach verwendeter Legierung, zu Korrosionsraten von 7,6 – 50 mm/a.

In konzentrierter Salpetersäure sind Cobalt und Co-Basislegierungen nicht einsetzbar [74, 75].

6.1.4 Verhalten in nicht oxidierend wirkenden Lösungen und Säuren

In verdünnter Salzsäure bei Raumtemperatur wird Cobalt nur geringfügig angegriffen, während bei Co-Basislegierungen der Angriff je nach Zusammensetzung der Legierung zwischen gering und stark streut. Der Zusatz von Oxidationsmitteln, wie beispielsweise 1% $FeCl_3$ zu 10%-iger HCl bei 37 °C, führt zu einer Verschiebung des Korrosionspotentials in den Passivbereich und zu Stromdichten von ca. 10^{-6} A/cm^2.

In 80–100 °C heißer Salzsäure erleidet Cobalt einen starken Korrosionsangriff [74].

In Schwefelsäure erfährt Cobalt bei 20 °C nur einen geringen Angriff. Für den Einsatz bei höheren Temperaturen ist Cobalt nicht geeignet. Das Verhalten von Co-Basislegierungen ist sehr unterschiedlich zu bewerten. Je nach Zusammensetzung werden die Legierungen mehr oder weniger, unter Bildung von bivalenten Co-Salzen und unter Wasserstoffbildung, gelöst. Einen positiven Einfluß scheinen, wie auch bei Ni-Basislegierungen unter reduzierenden Bedingungen, Kupfer in der Größenordnung von 4% und Molybdän in Gehalten von ca. 9% zu haben. Generell läßt sich jedoch feststellen, daß auch Co-Basislegierungen ungeeignet für den Einsatz in Schwefelsäure sind [12, 74, 75].

In Mischsäuren jedoch, wie z. B. in 28% P_2O_5 + 13% H_2SO_4 + 2% HF, beweisen Co-Basislegierungen mit 30% Cr, 4% Cu und 9% Mo eine ausgezeichnete Beständigkeit sowohl bei 25 °C als auch bei 60 °C [75].

In Phosphorsäure ist Cobalt nicht beständig. Es ist zu erwarten, daß auch hier Cu- und Mo-legierte Co-Basislegierungen ein besseres Verhalten zeigen als Cobalt, dennoch ist der Einsatz von Co-Basislegierungen in Phosphorsäure nicht zu empfehlen.

In Flußsäure erfahren Co-Basislegierungen bis 38% HF nur einen geringen Angriff [12, 74–75].

6.2 Verhalten in Gasen

6.2.1 Grundlagen der Oxidation

Das System Co-O ist in Abb. 57 dargestellt.

Entsprechend dem vorliegendem Sauerstoffpartialdruck führt die Oxidation von Cobalt zur Bildung von CoO oder CoO + Co_3O_4 (Abb. 58). Die Diffusion von Cobaltionen durch CoO ist für die Oxidation geschwindigkeitsbestimmend. Bei CoO handelt es sich um einen nichtstöchometrisch zusammengesetzen Defekthalbleiter mit Cobaltionen-Leerstellen. Das Metallionendefizit, also die Abweichung von der Stöchometrie ist hierbei abhängig vom vorliegenden Sauerstoffpartialdruck. So sind bei einem Sauerstoffpartialdruck von ungefähr einer Atmosphäre und Temperaturen unter 1200 °C neutrale Leerstellen nach Gl. (30) für den Reaktionsablauf verantwortlich [92]:

$$1/2O_2 \rightleftharpoons V^0_{Co} + O_0 \qquad (30)$$

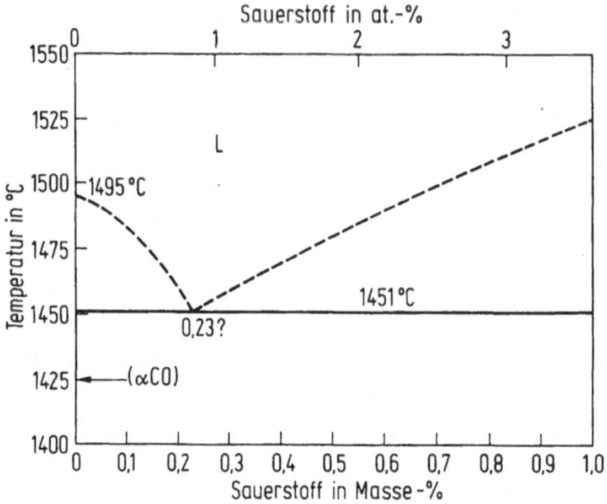

Abb. 57 Das Zustandsschaubild Cobalt-Sauerstoff [76].

Bei niedrigeren Sauerstoffpartialdrücken etwa zwischen 10^{-3} und 10^{-4} atm. tritt nach Gl. (31) eine einfach negativ geladene Leerstelle auf.

$$V^0_{Co} \rightleftharpoons V^-_{Co} + h^+ \tag{31}$$

Wird der Sauerstoffpartialdruck weiter abgesenkt bis hin zum Zersetzungsdruck von CoO, sind zweifach negative Kationenleerstellen reaktionsbestimmend (Gl. 32).

$$V^-_{Co} \rightleftharpoons V^{2-}_{Co} + h^+ \tag{32}$$

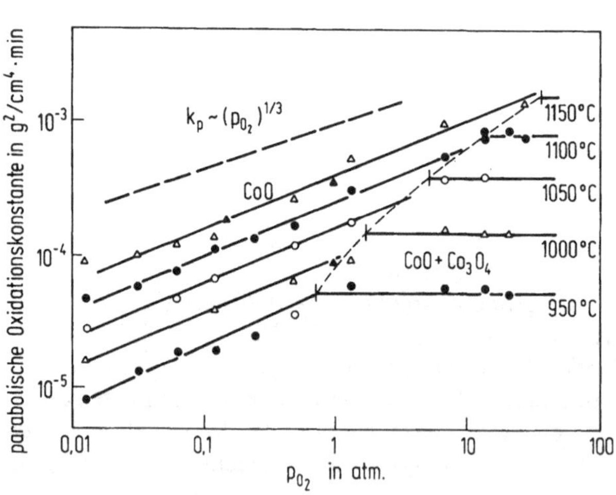

Abb. 58 Abhängigkeit der parabolischen Oxidationskonstanten von Cobalt vom Sauerstoffpartialdruck.
Die gestrichelte Linie zeigt den Dissoziationsdruck von Co_3O_4. (Nach Bildung von Co_3O_4 ist die parabolische Oxidationskonstante unabhängig vom Sauerstoffpartialdruck) [47].

Bei hohen Sauerstoffpartialdrücken bildet sich entsprechend Abb. 58 auf CoO eine Lage Co_3O_4, hierdurch wird der für den Fehlordnungsgrad von CoO entscheidende Sauerstoffpartialdruck auf den Zersetzungsdruck von Co_3O_4 reduziert. Häufig beobachtet man in solchen Fällen eine CoO-Schicht aus zwei deutlich unterscheidbaren Bereichen, einer kompakten, zusammenhängenden äußeren und einer bröckligen, aufgelockerten inneren Schicht. Das Entstehen dieser CoO-Doppelschicht erklärt sich durch eine beschleunigte Sauerstoffeinwärtsdiffusion bei Anwesenheit der Co_3O_4-Oxidschicht.

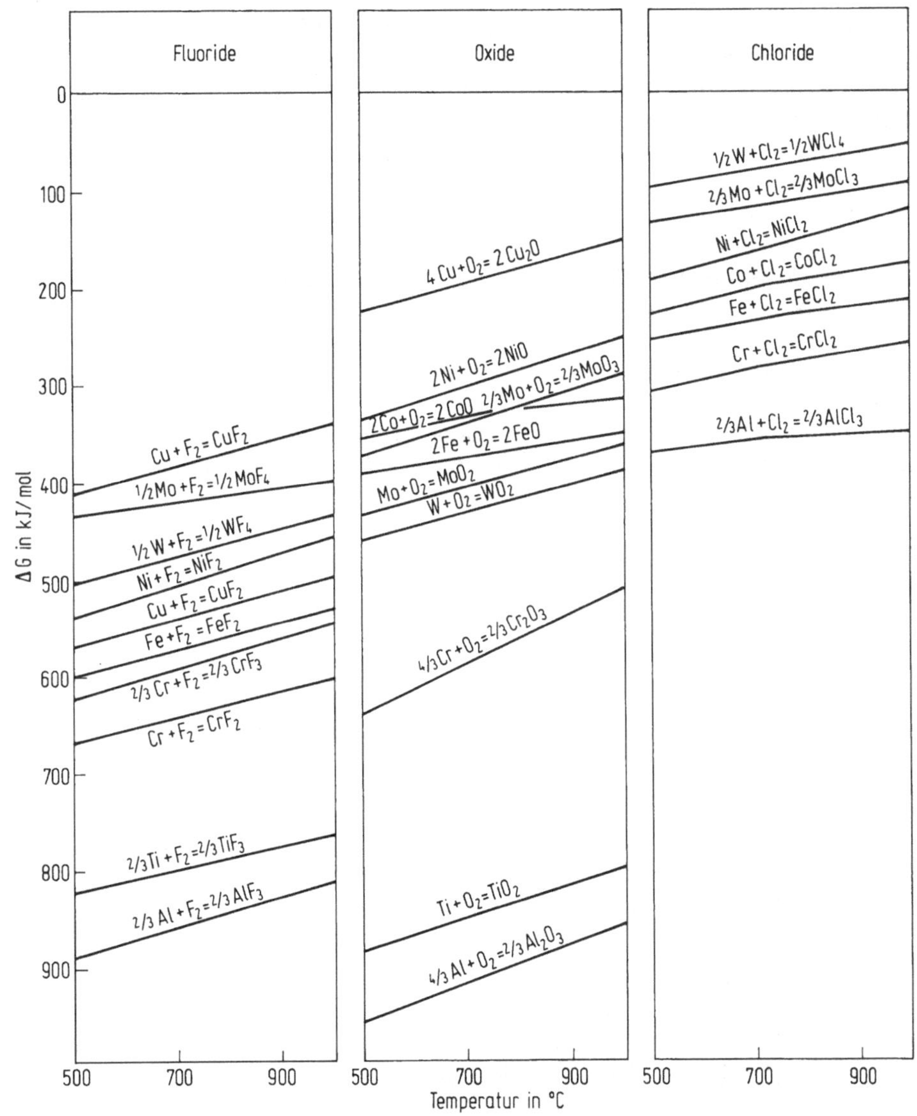

Abb. 59 Bildungsenthalpie verschiedeneer Fluoride, Oxide und Chloride [77].

Nach Bridges, Baur und Fassell verläuft die Oxidation von Cobalt oberhalb von 950 °C und Sauerstoffpartialdrücken zwischen 0,013 und 27,2 atm. parabolisch [99]. Mit steigendem Sauerstoffpartialdruck nimmt aufgrund steigenden Fehlordnungsgrades des Oxides die Oxidationsgeschwindigkeit zu.

Die Beeinflussung der Oxidationsgeschwindigkeit des Cobalts unterliegt in gleicher Weise wie die des Nickels der *Wagnerschen Zundertheorie*, wonach das Lösen von Fremdoxiden in CoO nur dann zu einer Verminderung der Oxidationsgeschwindigkeit führt, wenn durch niederwertige Kationen die Defektionenkonzentration gesenkt wird. Neben der *Wagnerschen Zundertheorie* sind, ebenso wie bei Nickel, zusätzliche Einflüsse durch Unterschiede in der freien Bildungsenthalpie der Oxide der einzelnen Legierungskomponenten, der Molvolumen der Oxide und Diffusionsgeschwindigkeiten der oxidbildenden Legierungspartner, durch Oxidreaktionen, die zu anderen Oxidzusammensetzungen, flüssigen und gasförmigen Oxiden führen, sowie die Bildung epitaktischer Oxidaufwachsungen und die Bildung schichtenförmiger Oxide gleicher Kationen, aber mit verschiedenen Wertigkeiten, zu berücksichtigen.

Die thermodynamische Beständigkeit von CoO ist geringfügig höher als die von NiO, liegt jedoch knapp unterhalb der des FeO (Abb. 59). Die Diffusionsgeschwindigkeit der Cobaltionen in CoO ist zwischen einer und zwei Zehnerpotenzen höher als die der Nickelionen in NiO (Abb. 60). Da für den Aufbau der Oxidschicht die Diffusionsgeschwindigkeit der Kationen geschwindigkeitsbestimmend ist, muß folglich bei der Oxidation von Cobalt mit höheren Oxidationsgeschwindigkeiten als bei der Oxidation von Nickel gerechnet werden.

Die Abhängigkeit des Selbstdiffusionskoeffizienten von Cobalt in CoO vom Sauerstoffpartialdruck wird in Abb. 61 dargestellt. Man erkennt, daß z. B. bei

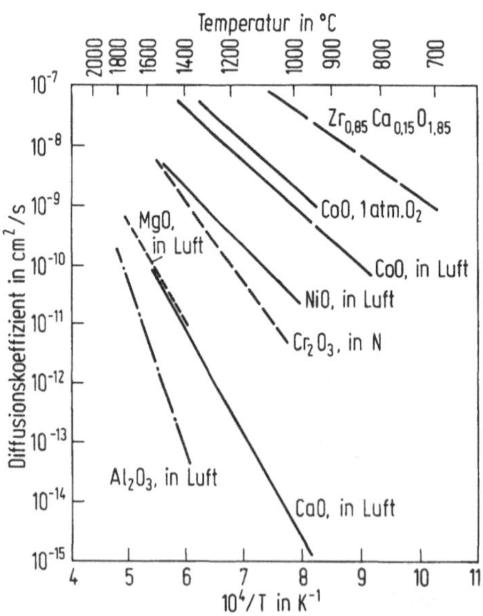

Abb. 60 Diffusionskoeffizienten verschiedener Kationen in ihren Oxiden [47].

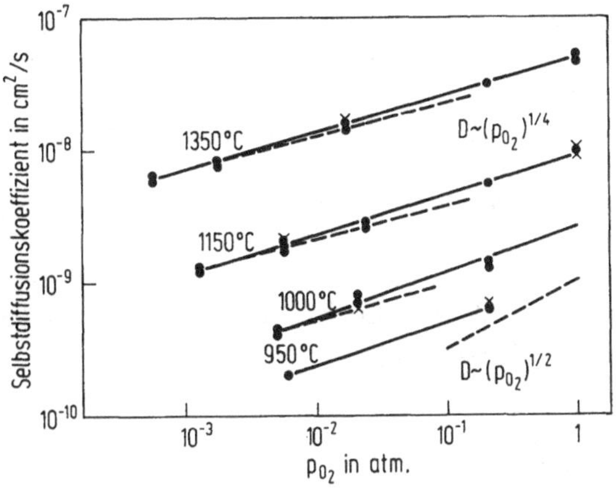

Abb. 61 Selbstdiffusionskoeffizient von Co in $Co_{1-m}O$ in Abhängigkeit vom Sauerstoffpartialdruck [47].

1000 °C eine Absenkung des Sauerstoffpartialdruckes um vier Zehnerpotenzen einer Reduzierung des Diffusionskoeffizienten um eine Zehnerpotenz entspricht [33–37, 47, 77].

6.2.2 Verhalten in oxidierenden Gasen

Das Oxidationsverhalten von reinem Cobalt in Sauerstoff ist in Abb. 62 vergleichend mit dem des Nickels dargestellt. Man erkennt, daß die Oxidationsbeständigkeit des Cobalts im Temperaturbereich von 800 °C bis 1100 °C deutlich schlechter

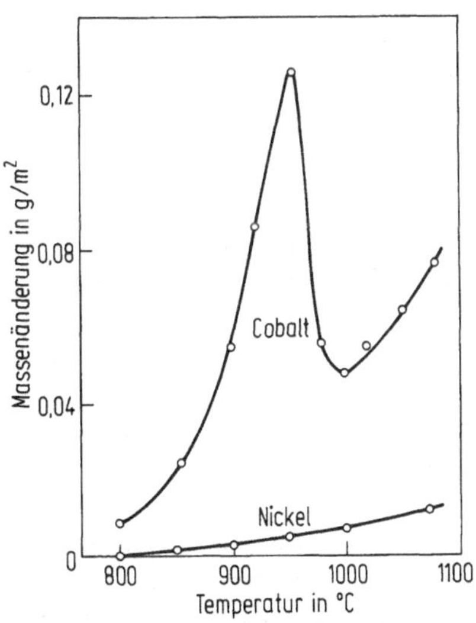

Abb. 62 Einfluß der Temperatur auf die Oxidationsbeständigkeit von Nickel und Cobalt in Sauerstoff nach 24 h Prüfdauer [37].

ist als die des Nickels, wobei mit steigender Temperatur die Unterschiede größer werden. Bei 950 °C weist die Gewichtszunahme des Cobalts durch Oxidation ein sehr stark ausgeprägtes Maximum auf. Der bei Temperaturen oberhalb von 950 °C wieder auftretende Abfall ist nach Pfeiffer und Thomas durch das bei diesen Temperaturen auftretende Co_3O_4 zu erklären.

Cobalt-Chrom-Legierungen von Wood bis zu Gehalten von 25% Chrom an Luft untersucht, zeigten erst ab ca. 17,5% Chrom einen deutlichen Abfall der parabolischen Oxidationsgeschwindigkeitskonstanten [100]. Der Zusatz von Kohlenstoff bis zu Gehalten von 2% zu einer Co-25%Cr-Legierung erbrachte keine Verschlechterung der Oxidationsbeständigkeit (Abb. 63).

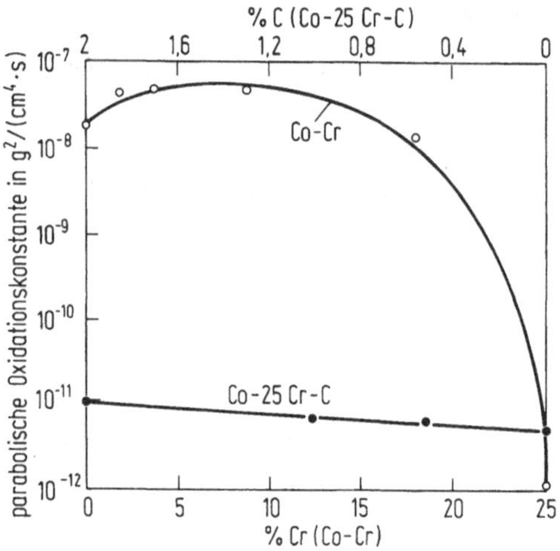

Abb. 63 Parabolische Oxidationskonstante für die Oxidation von Co-Cr- und Co-Cr-C-Legierungen bei 1000 °C. (Die Punkte für die C-haltigen Legierungen wurden über dem effektiven Chromgehalt aufgetragen) [78].

Hauffe untersuchte den Einfluß des Chromgehaltes bis zu 40% im Temperaturbereich von 800 °C bis 1200 °C (Abb. 64). Hiernach deutet sich ein Minimum in der Oxidationsrate zwischen 25 und 35% Chrom an.

Die Oxidation in Wasserdampf mit 0,1 atm. bei 1000 °C führt erwartungsgemäß zu deutlich niedrigeren Oxidationsraten als in Luft, weist aber in ihrer Darstellung der Abhängigkeit der Oxidationsrate vom Chromgehalt bereits bei 20% Chrom ein Minimum auf (Abb. 65).

Der Zusatz von Nickel zu Cobalt führt im Bereich bis zu 40% Nickel zu einer deutlichen Reduzierung der Oxidationsgeschwindigkeit von Cobalt, höhere Gehalte bewirken nur noch eine geringfügige Abnahme (Abb. 66).

Cobalt-Basislegierungen wie z. B. *alloy 25* und *188* enthalten bei unterschiedlichen Nickelgehalten ca. 20% Chrom. Beide Werkstoffe zeigen im zyklischen Oxidationsversuch an Luft bis 1000 °C eine ausgezeichnete Oxidationsbeständigkeit.

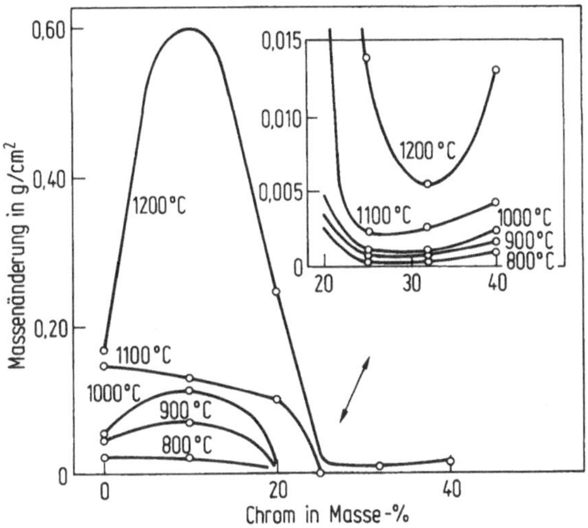

Abb. 64 Einfluß des Chromgehaltes in Cobalt-Chrom-Legierungen auf die Oxidationsbeständigkeit in Luft nach 50 h Prüfzeit in Abhängigkeit von der Temperatur. (Das Teilbild oben rechts gibt einen vergrößerten Ausschnitt des Konzentrationsbereiches zwischen 20 und 40% Chrom wieder) [79].

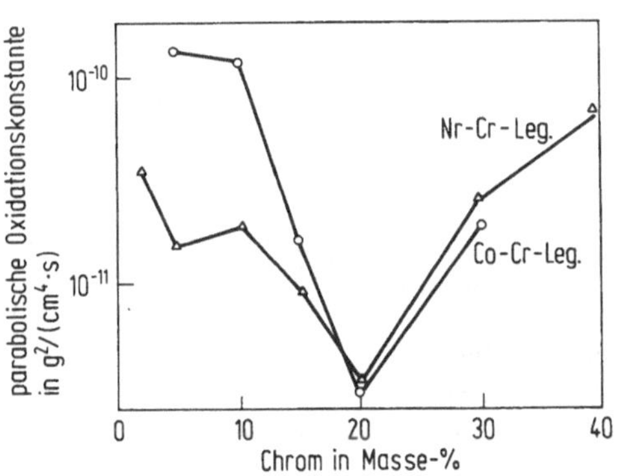

Abb. 65 Parabolische Oxidationskonstanten verschiedener Nickel-Chrom- und Cobalt-Chrom-Legierungen bei 1000 °C in 0,1 atm. Wasserdampf und 0,9 atm. Argon (geringfügig mit Luft verunreinigt) in Abhängigkeit vom Chromgehalt [80].

Temperaturen oberhalb von 1000 °C führen jedoch zu starken Gewichtsverlusten durch Zunderabplatzungen (Abb. 67). Im Vergleich beider Werkstoffe schneidet *alloy 188* aufgrund des um 10% höheren Nickelgehaltes und dem Zusatz von Lanthan deutlich besser ab als *alloy 25* [37, 78–83].

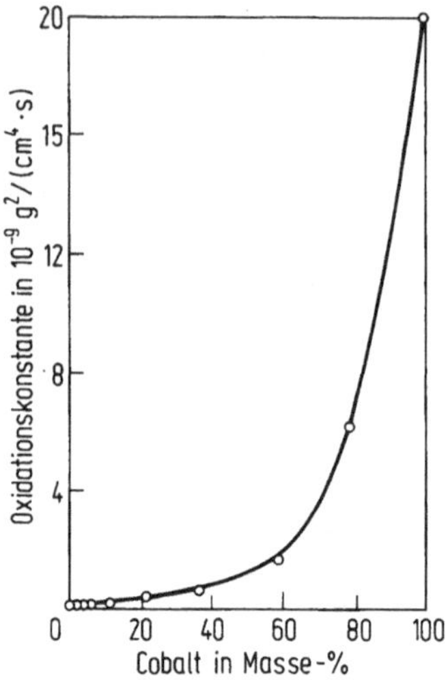

Abb. 66 Abhängigkeit der Oxidationskonstanten von Nickel-Cobalt-Legierungen bei 1000 °C in Luft mit Atmosphärendruck vom Cobaltgehalt der Legierung [79].

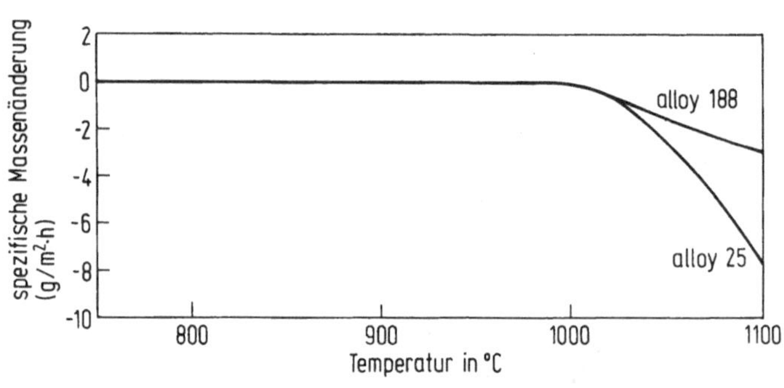

Abb. 67 Oxidationsbeständigkeit bei zyklischer Beanspruchung (24 h Zyklus, bestehend aus 8 h Aufheiz- und Abkühlzeit und 16 h Haltezeit, Gesamtprüfzeit 936 h) von Cobalt-Basislegierungen in Luft (eigene bisher unveröffentlichte Untersuchungsergebnisse).

6.2.3 Verhalten in aufkohlenden Gasen

Entsprechend Abb. 68 bildet Cobalt mit Graphit bei 1309 °C zwischen 1% und 2,9% Kohlenstoff ein Eutektikum.

Für die Löslichkeit von Kohlenstoff in festem Cobalt bei Raumtemperatur werden Werte von praktisch unlöslich bis 0,1% Kohlenstoff angegeben. Bei der eutektischen Temperatur liegt die Löslichkeit bei ca. 1%, bei 1000 °C fällt sie auf 0,33% Kohlenstoff ab.

Mit steigendem Kohlenstoffgehalt fällt die Curie-Temperatur von 1144 °C auf 1035 °C ab.

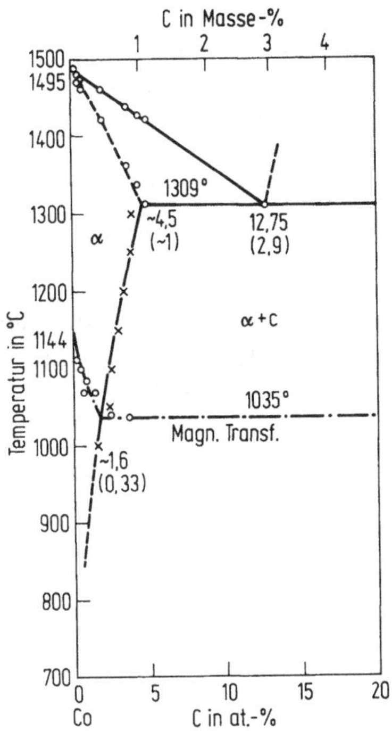

Abb. 68 Das Zustandsschaubild Cobalt-Kohlenstoff [84].

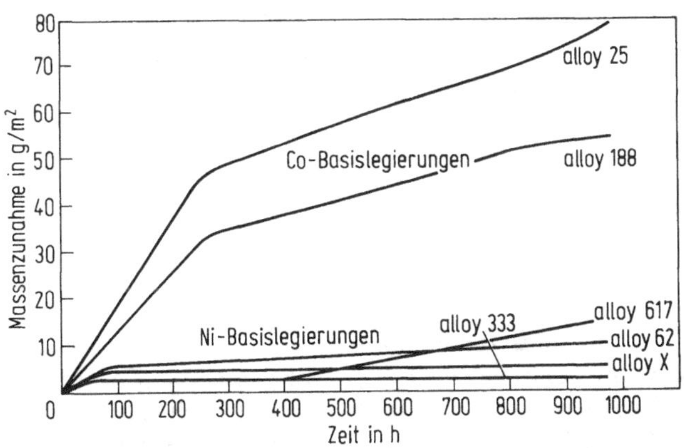

Abb. 69 Aufkohlung bei zyklischer Beanspruchung in CH_4/H_4 (a_C = 0,8) bei 750 °C, 24 h Zyklus (eigene bisher unveröffentlichte Untersuchungsergebnisse).

Über den Einfluß von Kohlenstoff auf die epsilon/alpha-Umwandlung von Cobalt gibt es sehr unterschiedliche Angaben, so werden Temperaturen von 390–502 °C für die Phasengrenze beim Aufheizen und 90–380 °C für die Abkühlung angegeben.

Cobaltcarbide sind nur bei niedrigen und mittleren Temperaturen beständig. Co_2C konnte bei 220 °C in Kohlenmonoxid hergestellt werden. Bei ca. 300 °C in Vakuum zerfällt dieses Carbid jedoch wieder. Ein anderer Autor berichtet über die Erzeugung von Co_3C in Leuchtgas bei Temperaturen von 500 – 800 °C.

Das Aufkohlungsverhalten von Cobalt-Basislegierungen ist im Vergleich zu Nickel-Basislegierungen durch eine deutlich höhere Kohlenstoffaufnahme bestimmt, der Grund hierfür dürfte in der höheren Kohlenstofflöslichkeit von Cobalt im Vergleich zu Nickel zu suchen sein. Bei Cobalt-Basislegierungen nimmt die Kohlenstoffaufnahme mit steigendem Cobaltgehalt der Legierung zu.

Abb. 69 zeigt vergleichend die Gewichtszunahme einiger Cobalt- und Nickel-Basislegierungen durch Aufkohlung in einem CH_4/H_2-Gemisch mit einer Kohlenstoffaktivität von 0,8 bei 750 °C. Man erkennt, daß die Massenzunahmen der Cobalt-Basislegierungen um den Faktor 3 – 5 höher liegen [78, 84].

6.2.4 Verhalten in aufschwefelnden Gasen

Das Zweistoffsystem Cobalt-Schwefel weist für 26,6% Schwefel bei 877 °C ein Co-Co_4S_3-Eutektikum auf. Das Cobalt-Cobaltsulfid-Eutektikum liegt damit bezüglich seines Schmelzpunktes zwischen dem des Nickel-Nickelsulfid-Eutektikums (T = 635 °C) und dem des Eisen-Eisensulfid-Eutektikums (T = 985 °C). Die Bildung niedrigschmelzender Eutektika führt zu beschleunigten Diffusionsvorgängen über die flüssige Phase und damit zu einem starken Anstieg der Korrosionsrate.

Für die Beurteilung des Werkstoffverhaltens in sulfidierenden Medien ist neben dem Auftreten niedrigschmelzender Eutektika auch die Diffusionsgeschwindigkeit bzw. die hierdurch bestimmte parabolische Geschwindigkeitskonstante der Sulfidierung von Bedeutung. So weisen z. B. Nickel, Cobalt und Eisen in schwefelhaltigen Gasen bei $p_{S_2} = 1$ bar die folgenden Werte auf:

$$K_{p(\mathrm{Ni})} = 8{,}5 \cdot 10^{-4}\ \mathrm{g^2/(cm^4 \cdot s)} \quad \text{bei } 650\ ^\circ\mathrm{C}$$

$$K_{p(\mathrm{Co})} = 6{,}7 \cdot 10^{-6}\ \mathrm{g^2/(cm^4 \cdot s)} \quad \text{bei } 720\ ^\circ\mathrm{C}$$

$$K_{p(\mathrm{Fe})} = 8{,}1 \cdot 10^{-6}\ \mathrm{g^2/(cm^4 \cdot s)} \quad \text{bei } 800\ ^\circ\mathrm{C}$$

Damit nimmt auch hier Cobalt eine Position zwischen Nickel und Eisen ein.

In reinen Schwefelatmosphären bewirkt das Legieren mit Chrom bei Zusätzen größer als 2% eine Verringerung der Sulfidierungsgeschwindigkeit durch den Einbau von Chrom in die CoS-Schicht, wodurch der Fehlordnungsgrad und damit die Wachstumsgeschwindigkeit reduziert wird. Für die Ausbildung reiner Cr_2S_3-Schichten sind jedoch Chromgehalte von 40 – 50% erforderlich. Wie Abb. 70 zeigt, führt das Zulegieren von Chrom bei Nickel und Eisen jedoch zu einer deutlicheren Verringerung der parabolischen Geschwindigkeitskonstante als bei Cobalt.

Das Verhalten von Cobalt-Chrom-Legierungen in SO_2/O_2-Gasgemischen gleicht dem der Nickel-Chrom- und Eisen-Chrom-Legierungen; so bilden sich bei niedrigen SO_2-Gehalten schützende Chromoxidschichten aus, die den Angriff durch SO_2 deutlich reduzieren.

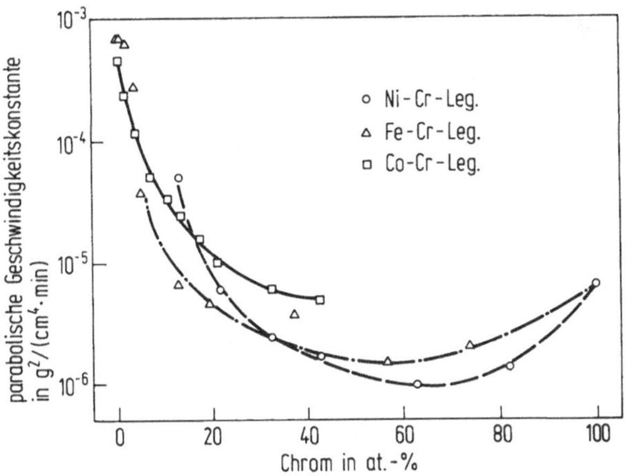

Abb. 70 Parabolische Geschwindigkeitskonstante der Sulfidierung von Nickel-Chrom-, Cobalt-Chrom- und Eisen-Chrom-Legierungen in Schwefeldampf mit $p_{S_2} = 1$ atm. [85].

Liegen neben SO_3/SO_2-Gasgemischen auch Alkalien wie z. B. Natrium, Kalium und Calcium vor, so kommt es bereits deutlich unterhalb der Schmelzpunkte für das reine Sulfid ($T_{CoS} = 1182\ °C$) und das Co-Co_4S_3-Eutektikum ($T = 877\ °C$) zur Ausbildung eines schon bei 565 °C schmelzflüssigen Na_2SO_4-$CoSO_4$-Eutektikums. Im Vergleich hierzu liegt der Schmelzpunkt des korrespondierenden Na_2SO_4-$NiSO_4$-Eutektikums bei 671 °C. Darüber hinaus gibt es in der Literatur Hinweise darauf, daß die Anwesenheit von Co_3O_4 einen katalytischen Einfluß auf die Verschiebung des SO_3/SO_2-Gleichgewichtes zu höheren SO_3-Gehalten ausübt, was nach Gl. (33) den sauren Aufschluß durch SO_3 fördert:

$$Co_3O_4 + 3SO_3 \rightarrow 3CoSO_4 + 1/2O_2 \qquad (33)$$

[85–87].

6.2.5 Verhalten in halogenierenden Gasen

Die in der Praxis am häufigsten anzutreffenden Halogenverbindungen sind HCl, Cl_2 bzw. HF und F_2. Der Reaktionsmechanismus der verschiedenen Halogene mit den metallischen Werkstoffen ist der gleiche und unterscheidet sich nur in der Geschwindigkeit der ablaufenden Reaktion. So nimmt z. B. die Aggressivität der Halogenide in der Reihenfolge Fluor, Chlor, Iod und Brom zu.

Die thermodynamische Beständigkeit des Co-Chlorids und des Co-Fluorids liegt höher als die des korrespondierenden Ni-Chlorids bzw. Ni-Fluorids. Höhere Beständigkeit weist jedoch das Fe-Chlorid bzw. Fe-Fluorid auf.

Schmelz- und Dampfpunkt des $CoCl_2$ liegen deutlich niedriger als die des $NiCl_2$ und lassen somit einen stärkeren Korrosionsangriff von Cobalt und Cobalt-Basislegierungen in chlorierenden Medien erwarten.

Tab. 15 Korrosionsraten verschiedener Legierungen in Luft mit 5% HCl bei Temperaturen von 500–975 °C [106]

Werkstoff	Korrosionsrate in mm/Jahr			
	500 °C	600 °C	750 °C	950–975 °C
alloy 188	–	–	–	3,0
alloy 25	13,6	–	11,9	4,8
alloy 600	–	3,0	–	2,9
alloy 625	2,3	4,7	–	–
alloy C-276	2,7	5,2	1,0	–
alloy 825	4,9	–	–	–
alloy 617	2,6	5,6	0,4	1,4

– nicht geprüft

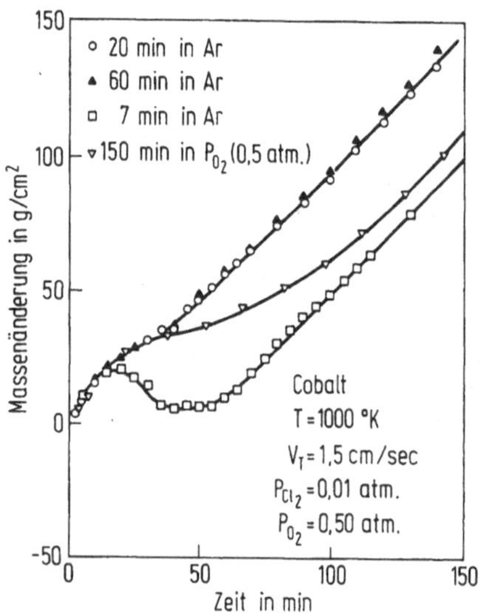

Abb. 71 Korrosionsverhalten von Cobalt in 50% O_2 + 1% Cl_2 bei 1000 K in Abhängigkeit von der Voroxidation [78].

So haben auch Untersuchungen in Luft mit 5% HCl-Zusatz im Temperaturbereich von 500–975 °C deutlich höhere Korrosionsraten für die beiden Cobalt-Basislegierungen *25* und *188* im Vergleich zu den mitgeprüften NiCrFe-, NiCrMo- und NiCrMoCo-Legierungen erbracht (Tab. 15).

In oxidierend-chlorierenden Gasgemischen bewirkt eine Voroxidation entsprechend Abb. 71 das Auftreten einer mehr oder weniger stark ausgeprägten Inkubationsphase, nach deren Durchlaufen die Korrosion mit unverminderter Geschwindigkeit abläuft.

Mit steigenden Gasgeschwindigkeiten nimmt der Gewichtsverlust voroxidierten Cobalts zu (Abb. 72). Dies ist in guter Übereinstimmung mit der aus Gl. (34)

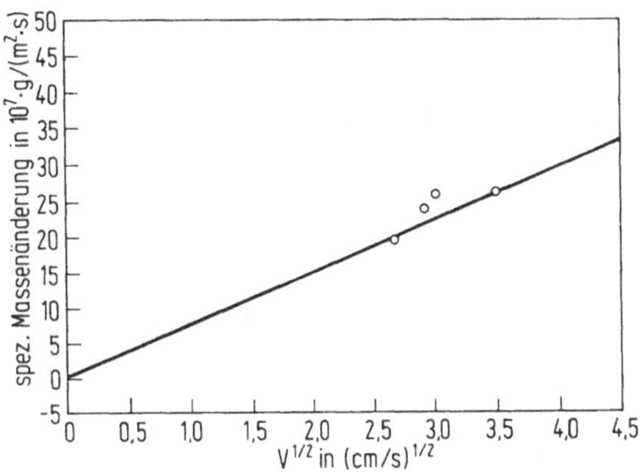

Abb. 72 Einfluß der Gasgeschwindigkeit auf den Massenverlust voroxidierten Cobalts. Die durchgezogene Linie entspricht der theoretischen Annahme einer gasphasendiffusionskontrollierten Reaktion [78].

hervorgehenden Tatsache, daß der Masseverlust von Cobalt kontrolliert wird durch den Massetransport von gasförmigen Chloriden in der Gasphase:

$$Co_3O_4(s) + 3Cl_2(g) \rightleftharpoons 3CoCl_2(g) + 2O_2(g) \qquad (34)$$

[77, 78, 85].

6.3 Typische Anwendungsbeispiele

Metallisches Cobalt wird äußerst selten benutzt. Industrielle Nutzung erfahren Cobalt-Basislegierungen durch ihre ausgezeichnete Hochtemperaturkorrosionsbeständigkeit, gepaart mit außergewöhnlicher Abriebfestigkeit bei hohen Temperaturen.

Im folgenden einige Beispiele hierfür:

1) Luft- und Raumfahrt
   - Brennkammerauskleidung von fliegenden Gasturbinen
   - Abgas- und Schubumkehrklappen in Strahltriebwerken
   - Turbinenschaufeln und -scheiben (meist Gußlegierungen)
   - Booster für Raketentriebwerke
   - Hochtemperaturkorrosionsbeständige Metall-Keramik-Verbindungselemente

2) Chemische Industrie
   - Korrosions- und abriebfeste Auskleidungen, Plattierungen oder Beschichtungen

3) Energietechnik
   - Einbauten in Müllverbrennungsanlagen

4) Metallurgie

- Beschichtung von Verzinkungs- und Aluminierungsbehältern
- Beschichtung von Umlenk- und Stabilisationsrollen in der kontinuierlichen Feuerverzinkung

5) Medizintechnik

- Festsitzende und herausnehmbare Zahnprothesen (Gußlegierung)
- Andere Langzeitimplantate (z. B. Hüftgelenkprothesen)

7 Literatur

[1] Volk, K. E., Nickel und Nickellegierungen, Springer-Verlag, Berlin, 1970, 1–17

[2] Friend, W. Z., Corrosion of Nickel and Nickel-Base Alloys, John Wiley & Sons, New York, 1980, 1–31

[3] Sims, C. T., Stoloff, N. S., Hagel, W. C., Superalloys II, John Wiley & Sons, New York, 1987, 1–25, 385–408, 441–457

[4] Yu, K. O., Domingue, J. A., Maurer, G. E., Flanders, H. D., Macrosegregation in ESR and VAR Processes, Journal of Metals, Jan. 1986, 46–50

[5] Samuelsson, E., Domingue, J. A., Maurer, G. E., Characterizing Solute-Lean Defects in Superalloys, Journal of Metals, 8, 1990, 27–30

[6] Heubner, U., Situation und Trends bei Nickel-Legierungen für den Chemie-Apparatebau, DECHEMA-Monographien 103, VCH Verlagsgesellschaft, 1986, 99–113

[7] Kolts, J., Wu, J. B. C., Asphahani, A. I., Highly Alloyed Austenitic Materials for Corrosion Service, Metal Progress, 9, 1983, 25–36

[8] Schillmöller, C. M., Klein, H., High Technology Stainless Steels and Nickel Alloys for the Chemical and Process Industries, VDM Report Nr. 4, 1983

[9] Kirchheiner, R., Einsatz von nickel- und kupferhaltigen Legierungen im Meerwasser, VDM Report Nr. 3, 1983

[10] Brill, U., Hochtemperaturwerkstoffe der VDM und ihr Einsatz im Ofenbau, VDM Report Nr. 15, 1990

[11] Mecklenburg, E., Seltene Metalle, Verlag Technische Rundschau im Hallwag Verlag, Bern und Stuttgart, 111, 1974, 31–34

[12] Pyatnitskii, I. V., Analytical Chemistry of Cobalt, Ann Arbor-Humphrey Science Publishers, London, 1969, 1–19

[13] Earnshaw, R., Cobalt-Chromium Alloys in Dendistry, British Dental Journal, 101, 3, 1956, 67–75

[14] Countsouradis, D., Habraken, L., Metallurgical Applications of Cobalt: A Critical Overview, Journal of Metals, Jan. 1983, 40–47

[15] Brauner, H., Ein Beitrag zum Korrosionsverhalten der NEM-Legierungen, Dtsch. Zahnärztl. Z., 43, 1988, 424–428

[16] Geis-Gerstorfer, J., Sauer, K.-H., Weber, H., Päßler, K., Untersuchungen zum Masseverlust von EM-, NEM- und Pd-Basis-Legierungen, dental-labor, XXXVII, Heft 11/89, 1605–1609

[17] Ishida, K., Nishizawa, T., The Co-Cr System, Bulletin of Alloy Phase Diagrams, Vol. 11, No. 4, 1990, 357–370

[18] wie [3], S. 135–162

[19] Shreir, L. L., Corrosion, Vol. 1, Newnes-Butterworth, London, 1978, 4:102–4:139

[20] wie [1], S. 287–315, 356–401

[21] wie [2], S. 32–94

[22] Mannesmann Edelstahlrohr, Das Verhalten von austenitischen nichtrostenden Stählen, Nickellegierungen und Nickel in Natronlauge, 1988

[23] INCO, Resistance of Nickel and High Nickel Alloys to Corrosion by Sulfuric Acid, Corrosion Engineering Bulletin, 1979

[24] INCO, The Corrosion Resistance of Nickel-Containing Alloys in Sulfuric Acid and Related Compounds, Corrosion Engineering Bulletin, 1983
[25] INCO, Corrosion Resistance of Nickel and High Nickel Alloys to Corrosion by Hydrochloric Acid, Hydrogen Chloride and Chlorine, Corrosion Engineering Bulletin, 1973
[26] Schillmöller, C. M., Alloys to Resist Chlorine Hydrogen Chloride and Hydrochloride Acid, NiDI Technical Series No. 10020, 1988
[27] Oldfield, J. W., Test Techniques for Pitting and Crevice Corrosion Resistance of Stainless Steels and Nickel-Base Alloys in Chloride-Containing Environment, NiDI Technical Series No. 10016, 1987
[28] INCO, Resistance of Nickel and High Nickel Alloys to Corrosion by Hydrochloric Acid, Hydrogen Chloride and Chlorine, Corrosion Engineering Bulletin, 1979
[29] INCO, Corrosion Resistance of Nickel-Containing Alloys in Hydrofluoric Acid, Hydrogen Fluoride and Fluorine, Corrosion Engineering Bulletin, 1979
[30] INCO, Corrosion Resistance of Nickel-Containing Alloys in Phosphoric Acid, 1979
[31] Mannesmann Edelstahlrohr, Korrosionsbeständigkeit nichtrostender Stähle und Nikkellegierungen in Phosphorsäure, 1988
[32] Schillmöller, C. M., Alloy Selection in Wet-Process Phosphoric Acid Plants, NiDI Technical Series No. 10015, 1987
[33] wie [1], S. 317–353
[34] Hessenbruch, W., Metalle und Legierungen für hohe Temperaturen, Teil 1: Zunderfeste Legierungen, Springer-Verlag, Berlin, 1940
[35] Fischer, H., Hauffe, K., Wiederholt, W., Passivierende Filme und Deckschichten, Springer-Verlag, Berlin, 1956
[36] Hauffe, K., Reaktionen in und an festen Stoffen, Springer-Verlag, Berlin, 1966
[37] Pfeiffer, H., Thomas, H., Zunderfeste Legierungen, Springer-Verlag, Berlin, 1963
[38] wie [2], S. 95–135
[39] Nickel, O., Eigenschaften und neuere Anwendungen nickelhaltiger Werkstoffe, VDI-Z, 121, Nr. 7, 1979, 313–323
[40] Tödt, F., Korrosion und Korrosionsschutz, Walter de Gruyter & Co., Berlin, 1961, 292–333
[41] Hughson, R. V., High-Nickel Alloys for Corrosion Resistance, Chemical Engineering, 22, 1976, 125–134
[42] wie [2], S. 136–198
[43] INCO, Corrosion Resistance of Nickel and Nickel-Containing Alloys in Caustic Soda and Other Alkalis, Corrosion Engineering Bulletin, 1973
[44] Schillmöller, C. E., Alloy Selection for Caustic Soda Service, NiDI Technical Series No. 10019, 1988
[45] Sridhar, N., Behavior of Nickel-Base Alloys in Corrosive Environments, in: Metals Handbook, Vol. 13, Corrosion, Metals Park, Ohio, 1987, 643–657
[46] INCO, Corrosion Resistance of Nickel-Containing Alloys in Organic Acids and Related Compounds, Corrosion Engineering Bulletin, 1979
[47] Kofstad, P., High-Temperature Oxidation of Metals, John Wiley & Sons, New York, 1966
[48] Smith, P. J., van der Biest, O., Corish, O., The Initial Stages of High-Temperature Corrosion of Fe-Cr-Ni and Cr-Ni Alloys in a Carburizing Atmosphere of Low Oxygen Partial Pressure, Oxidation of Metals, Vol. 24, Nos. 1/2, 1985, 47–83
[49] Ramanarayana, T. A., Srolovitz, D. J., Carburization Mechanisms of High Chromium Alloys, J. Electrochem. Soc., Sept. 1985, No. 9, 2268–2274
[50] Colwell, J. A., Rapp, R. A., Reactions of Fe-Cr and Ni-Cr Alloys in CO/CO_2 Gases at 850 and 950 °C, Metallurgical Transactions A, Vol. 17A, June 1986, 1065–1074
[51] Kane, R. H., Hosier, J. C., Carburization Resistance of Some Wrought Nickel-Containing Alloys in Simulated Industrial Environments, in: High-Temperature Corrosion in Energy Systems, ed. Rothman, M. F., AIME, New York, 1985, 581–595

[52] Antony, M. M., Miller, A. E., Sargent, G. A., Degradation of Structure and Properties of High-Temperature Alloys Exposed to Carburizing Environments, in: High-Temperature Corrosion in Energy Systems, ed. Rothman, M. F., AIME, New York, 1985, 597–610

[53] Meier, G. H., Coons, W. C., Perkins, R. A., Corrosion of Iron-, Nickel- and Cobalt-Base Alloys in Atmospheres Containing Carbon and Oxygen, Oxidation of Metals, Vol. 17, Nos. 3/4, 1982, 235–262

[54] Lai, G. Y., Resistance to Carburization of Various Heat-Resistant Alloys, in: High-Temperature Corrosion in Energy Systems, ed. Rothman, M. F., AIME, New York, 1985, 551–564

[55] Lai, G. Y., High Temperature Corrosion of Engineering Alloys, ASM International, Metals, Park, Ohio, 1990, 47–72

[56] Meier, G. H., Pettit, F. S., Sulfidation and Hot Corrosion of Alloys at Elevated Temperatures, in: High-Temperature Corrosion in Energy Systems, ed. Rothman, M. F., AIME, New York, 1985, 161–175

[57] Saunders, S. R. J., Schlierer, S., Sulfidation of Coal Gasifier Heat Exchanger Alloys, in: High-Temperature Corrosion in Energy Systems, ed. Rothman, M. F., AIME, New York, 1985, 213–226

[58] Baxter, D. J., Natesan, K., The Stability of Chromium Oxide Scales in Oxygen-Sulfur-Containing Environments at Elevated Temperatures, in: High-Temperature Corrosion in Energy Systems, ed. Rothman, M. F., AIME, New York, 1985, 237–252

[59] John, R. J., Alloy Corrosion in Reducing Plus Sulfidizing Gases at 600–900 °C, in: High-Temperature Corrosion in Energy Systems, ed. Rothman, M. F., AIME, New York, 1985, 177–196

[60] Floreen, S., Kane, R. H., The Sulfidation Attack of a Nickel-Base Alloy at Intermediate Temperatures, Metallurgical Transactions A, Vol. 15A, Jan. 1984, 5–10

[61] Barnes, J., Corish, J., Franck, F., Norton, J. F., Influence of Sulfur on the Nature and Morphology of Carbides Formed on the Surfaces of Fe-Ni-Cr Alloys at High Temperatures, Oxidation of Metals, Vol. 24, Nos. 1/2, 1985, 85–97

[62] Nakai, H., Ichiba, M., Okada, K., High Temperature Corrosion of Ni-Cr Alloys in Ar-SO_2 Atmosphere, J. Japan Inst. Metals, Vol. 52, No. 1, 1988, 57–64

[63] McNallan, M. J., Liang, W. W., The Influence of Oxygen and Chlorine Potentials on the High Temperature Corrosion Behavior of Materials, in: High-Temperature Corrosion in Energy Systems, ed. Rothman, M. F., AIME, New York, 1985, 457–466

[64] Rhee, M. H., McNallan, M. J., Rothman, M. F., Long Term Temperature Corrosion Studies of High-Temperature Alloys in Chlorine Contaminated Environments, in: High-Temperature Corrosion in Energy Systems, ed. Rothman, M. F., AIME, New York, 1985, 483–499

[65] Thongten, S., McNallan, M. J., Lai, G. Y., Corrosion of Superalloys by Volatilization and Internal Penetration in High Temperature Chlorine Contaminated Environments, Corrosion 1988, Paper No. 372

[66] Ole, J. M., McNallan, M. J., Lai, G. Y., Rothman, M. F., High Temperature Corrosion of Superalloys in an Environment Containing Both Oxygen and Chlorine, Metallurgical Transactions A, Vol. 17A, June 1986, 1087–1094

[67] Elliott, P., Ansari, A. A., Prescott, R., Rothman, M. F., Behavior of Selected Commercial Alloys During High Temperature Oxychlorination, Corrosion, Vol. 44, No. 8, August 1988, 544–554

[68] Hauffe, K., Gegen Fluoride beständige Nichteisenmetalle sowie anorganische und organische Werkstoffe, Metall, 40, 1986, 257–259

[69] wie [2], S. 248–418

[70] Rockel, M. B., Renner, M., Pitting, Crevice and Stress Corrosion Resistance of High Chromium and Molybdenum Alloyed Stainless Steels, VDM Report Nr. 7, 1984

[71] Rockel, M. B., Korrosionsbeständigkeit von Schweißverbindungen hochlegierter Werkstoffe, Metall, 42, 1988, 338–351
[72] Seaman, G. T., Myers, J. R., Saxer, R. K., Anodic Polarization Behaviour of Cobalt-Chromium Alloys in Sulfuric Acid Solutions, Electrochimica Acta 12, 1967, 855–871
[73] Kuhn, A. T., Corrosion of Co-Cr Alloys in Aqueous Environments, Biomaterials 2, 1981, 68–77
[74] Ritter, F., Korrosionstabellen metallischer Werkstoffe, Springer-Verlag, Wien, 1958
[75] Sridhar, N., Behavior of Cobalt-Base Alloys in Corrosive Environments, in: Metals Handbook, Vol. 13, 1987, 658–661
[76] Massalski, T. B., Binary Alloy Phase Diagrams, ASM, 1986, 784
[77] Elliott, P., Tyreman, C. J., Prescott, R., High Temperature Alloy Corrosion by Halogens, Journal of Metals, July 1985, 20–23
[78] Rapp, R. A., High Temperature Corrosion, NACE, 1983, 320
[79] Hauffe, K., Oxydation von Metallegierungen, Springer-Verlag, Berlin, 1956
[80] Engell, H. J., Rahmel, A., Verzunderung von Metallen durch Gase, Korrosion 23, Verlag Chemie GmbH, Weinheim, 1971
[81] El-Dahshan, M. E., The Role of Carbides in the Accelerated Attack of Cobalt-Base Alloys, Chem. Eng. Res. Des., 61, 1983, 13–20
[82] Charlot, L. A., Westerman, R. E., High Temperature Corrosion and Evaporation of Haynes 25 and Hastelloy X-280, NACE 1967, 50–56
[83] Cabrera, A. L., Maple, M. B., Oxidation Kinetics of Cobalt and Cobalt-Iron Alloys at High Temperatures, Oxidation of Metals, Vol. 32, Nos. 3/4, 1989, 207–224
[84] Hansen, M., Anderko, K., Constitution of Binary Alloys, McGraw-Hill Book Company, New York, 1958
[85] VDI Berichte 773, Werkstoffe für die Umwelttechnik, VDI Verlag, Düsseldorf, 1990
[86] Jones, R. L., Williams, C. E., Hot Corrosion of Co-Cr-Al-Y by Molten Sulfate-Vanadate Deposits, Materials Science and Engineering, 87, 1987, 353–360
[87] Shik, S., Zhang, Y., Li, X., Sub-melting Point Hot Corrosion of Alloys and Coatings, Materials Science and Engineering, A120, 1989, 277–282
[88] wie [1], S. 2–3
[89] Donachie, M. J., Superalloys – Source Book, ASM, Metals Park, Ohio, 1984, 195
[90] Brockhaus, ABC Chemie, Verlag Brockhaus Leipzig 1965, S. 681, 941
[91] Kunze, E. und Schwabe, K., Beitrag zur Passivität des Nickels, Corrosion Science, Vol. 4, 1964, pp. 109–136
[92] Birks, N. and Meier, G. H., Introduction to High Temperature Oxidation of Metals, Edward Arnold, London, 1983
[93] wie [1], S. 321–343
[94] Pilling, N. B. and Bedworth, R. E., Ind. Eng. Chem., 17, (1925), 372
[95] Hickmann, J. W. and Gulbransen, E. A., Trans. Am. Inst. Mimug and Metallurgical Eng., 180, (1949), 519
[96] Erosion, and wear; Metal Corrosion Annual Books of ASTM Standards, Vol. 03.02, 1986, p. 284–287
[97] wie [96], p. 161–167
[98] Schumann, H., Metallographie, VEB Deutscher Verlag für Grundstoffindustrie, Leipzig, 1974, S. 474
[99] Bridges, D. W., Bauer, J. P., and Fassel, W. M., J. Electrochem. Soc., 103 (1956), 619
[100] Wood, G. C., Wright, I. G., Hodgkiess, T., and Whittle, D. P., Werkstoffe und Korrosion, 21, (1970), 900
[101] Brill, U., Mathematical Description of Carburization Behaviour of Various Commercial Heat-Resistant Alloys, ASM Heat Resistant Materials Conference, Proceedings, 1991, 203–210

[102] Brill, U., and Altpeter, E., Long Time Corrosion Behaviour of a Wide Range of Commercial Heat-Resistant Alloys in a Chlorine Bearing Environment, ASM Heat Resistant Materials Conference, Proceedings, 1991, 659–666

[103] Streicher, M. A., Microstructure and some properties of Fe-28Cr-4Mo alloys, Corrosion NACE, 30 (1974), p. 115

[104] wie [2], S. 67

[105] LaQue, F. L., and Copson, H. R., Corrosion Resistance of Metals and Alloys, 2nd edition American Chemical Society (ACS), (1963), Monograph No. 158

[106] Baylor, V. B., Keiser, J. R., and Lee, E. H., Corrosion Studies in $ZnCl_2$-Air-HCl Environments at 500 to 1000 °C in: High Temperature Corrosion, NACE 6, 1983, p. 483–490

FSC
www.fsc.org
MIX
Papier | Fördert gute Waldnutzung
FSC® C083411

Zeitfracht Medien GmbH
Ferdinand-Jühlke-Straße 7
99095 Erfurt, Deutschland
produktsicherheit@kolibri360.de